KB029119

마운틴고릴라

야생생물학자 에이미 베더

Gorilla Mountain : The Story of Wildlife Biologist Amy Vedder

Copyright © 2006 National Academy of Sciences. First published in English by
The National Academies Press.
All rights reserved.

This is a translation of *Gorilla Mountain : The Story of Wildlife Biologist Amy Vedder*, Rene Ebersole;
Joseph Henry Press, an imprint of The National Academies Press.

Korean translation copyright © 2017 Bookhouse Publishers Co., Ltd.
Korean translation rights arranged with The National Academies Press through
EYA(Eric Yang Agency).

이 책의 한국어판 저작권은 EYA(Eric Yang Agency)를 통해 The National Academies Press 사와의
독점 계약으로 (주)북하우스 퍼블리셔스가 소유합니다. 저작권법에 의하여 한국 내에서 보호를 받는
저작물이므로 무단전재와 무단복제를 금합니다.

마운틴고릴라

야생생물학자 에이미 베더

러네이 에버솔 지음 | 한국여성과총 교육홍보출판위원회 옮김

해나무

시리즈에 대하여

이 시리즈에 나오는 이야기는 실존 여성들과 그들의 탁월한 과학적 업적을 다루고 있다. 이 여성들 중 어떤 이들은 아주 어린 나이부터 과학자가 되고 싶다는 것을 알았고, 어떤 이들은 한참 후에야 깨달았다. 어떤 이들은 업적을 쌓아가는 과정에서 개인적·사회적 장애를 극복해야 했고, 어떤 이들은 좀 더 단순하고 순탄한 길을 따랐다.

배경과 살아온 이야기는 다르지만 여기에 나오는 비범한 여성들은 하나같이 중요한 신념을 갖고 있었다. 자기가 하는 일이 매우 중요하며, 그 일이 세상을 더 좋은 곳으로 만들 수 있다는 신념이다.

수많은 여타 전기물과 달리 이 시리즈는 현역에서 활동하는 과학자들의 삶의 연대기다. 이 여성들은 다양한 방식으로 이 책을 만드는 데 참여했다. 자신의 인생에서 중요한 세부 사항을 공유

했고, 예시 자료로 쓸 수 있게 개인의 사사로운 사진들을 내놓았으며, 가족이나 친구, 동료들이 인터뷰에 응하도록 요청했고, 독자의 관심을 끌 수 있도록 자신의 전문성을 살려 과학적으로 설명해주었다.

이 시리즈는 새러 리 슈프Sara Lee Schupf와 미국 국립과학원의 전폭적인 도움이 없었다면 성사되지 못했을 것이다. 개인으로서나 조직으로서나 이들은 세상을 이해하려면 과학을 추구하는 게 중요하다는 신념으로 뭉쳐 있었다. 이들은 혁신적인 과학자가 된 지적 호기심이 많은 인물들의 이야기가 독자들에게 즐거움과 깨달음을 제공하기를 바란다. 그리고 이 이야기들이 비슷한 꿈을 좇는 재능 넘치는 이들에게 영감을 불어넣기를 희망한다. 과학 분야의 직업에 도전하는 것은 대단한 일이며, 나아가 그 보답은 훨씬 더 클 것이다.

차례

머리말

야생의 삶

1970년대 말 아프리카의 마운틴고릴라 수는 위태로울 만큼 줄어들었다. 사실, 너무 줄어들어서 완전히 멸종될 지경이었다. 에이미 베더Amy Vedder는 고릴라들을 구하고 싶었다. 다행히도, 그녀는 실제로 자신이 고릴라를 구할 수 있다고 생각할 만큼 젊고 순진했다. 에이미는 동물의 행동을 유발하는 것이 무엇인지 연구하는 야생생물학자이다. 1978년, 그녀는 아프리카로 가서 어떻게 하면 마운틴고릴라의 멸종을 막을 수 있는지 연구하기로 했다.

에이미는 고릴라 구조에 일조했을 뿐 아니라, 일생일대의 모험도 겪었다. 심지어 그녀는 고릴라 가족의 명예 구성원이 되기도 했다!

에이미는 또한 그녀 자신에 대해, 그리고 위험으로부터 야생동물을 보호하고 싶어 하는 자신의 희망에 대해 많은 것을 알게 되었다. 그 이후 그녀는 야생동물을 도우면서 전 세계를 여행하고

있다. 가령, 한 달 동안 몽골에서 위험에 빠진 가젤을 어떻게 하면 보호할 수 있는지 배우고, 그다음 달에는 집 근처에 머물면서 와이오밍의 옐로스톤 국립공원에서 건강이 회복된 늑대들을 관찰하고, 뉴욕에 돌아와서는 브롱크스 동물원Bronx Zoo을 방문하는 도시 아이들에게 위험에 처한 야생동물의 현실과 보존의 필요성을 가르치는 식이다.

에이미가 열심히 일한 덕분에, 많은 동물의 개체 수가 더 늘어났다. 동물의 서식지가 보호공원으로 지정되면 에이미는 기분이 좋았다.

에이미 베더는 어떻게 야생동물을 보호하는 일을 하게 되었을까? 단순하다. 그녀는 본능을 따랐고, 본능은 그녀를 과학으로 이끌었다.

에이미 베더는 어떻게

야생동물을 보호하는 일을 하게 되었을까?

단순하다. 그녀는 본능을 따랐고,

본능은 그녀를 과학으로 이끌었다.

1978년 중앙아프리카의 르완다에서 네 살짜리 마운틴고릴라 파블로는 야생생물학자 에이미 베더를 어미로 맞이하고자 했다.

1장

가까이서 마주치다

빼가 시리도록 차가운 비를 맞으면서 에이미 베더는 방금 벌어진 일에 깜짝 놀라 몸을 웅크린 채 숲 속 바닥에 앉았다. 그녀는 팔에 파블로Pablo라는 이름의 네 살짜리 마운틴고릴라를 안고 있었다. 파블로는 태어난 이후 줄곧 폭풍우 치는 날이면 어미 품에 안겼다. 하지만 어미로부터 버림받은 지금, 파블로는 어미를 대신할 대상으로 비옷을 입고 있는 하얀 유인원 에이미를 선택한 것 같았다.

조금 전에, 에이미는 파블로가 이상하게 행동하고 있다는 것을 알아챘다. 턱을 아래로 내리고 그녀에게 걸어오고 있었던 것이다. 이것은 평소에 하던 행동, 즉 에이미에게 달려와 발로 차는 것과는 달랐다.

1978년 중앙아프리카의 르완다에서 야생생물학자 에이미 베더는 파블로와 그의 동료 마운틴고릴라들이 살아남도록 도와주었다.

'무슨 일이 생겼나? 파블로는 나와 장난을 치려고 할 때가 아니면 보통 가까이 오지 않는데…….'라고 그녀는 생각했다.

그녀는 노트에 끄적이는 것을 멈추고 파블로를 관찰했다. 힌트를 줄지도 모른다. 파블로가 가까이 다가왔다. 그러고 나서 파블로는 자기 머리를 에이미의 팔 아래로 밀어 넣으며 가까이 파고들었다.

예상 밖의 짝 이루기

파블로가 어미의 관심을 끌려고 할 때만 보이는 행동이었다. 에이미의 품은 어미 고릴라의 큰 팔다리와 풍성한 털에 비해서는 빈약했을 것이다. 그러나 파블로는 개의치 않는 것 같았다.

에이미 곁에 딱 붙어서, 그녀가 줄 수 있는 최소한의 따뜻함에도 고마워하는 것처럼 보였다. 에이미는 가슴이 벅차올랐다.

고릴라에게 받아들여졌다고 생각하니 설레었지만, 에이미는 자신이 파블로의 어미를 대체할 수 없다는 점 또한 알고 있었다. 어차피 그녀는 사람이고 파블로는 유인원이다. 파블로를 돌보려고 에이미가 그곳에 계속 죽치고 있을 수는 없었다. 고려해야 할 문제는 더 있었다. 그녀는 파블로를 자신의 보호 아래 두었을 경우 고릴라들의 삶에 어떠한 영향을 미칠지, 자신이 애초에 왜 중앙아프리카 열대 우림의 한복판에 들어와 있는지, 그 이유를 깊이 생각해보았다. 에이미는 수수께끼를 풀어보려고 했다. 이 마운틴고릴라들이 살아남기 위해 필요한 것이 무엇일까?

쏟아지는 빗속에서 파블로와 쭈그리고 앉은 채, 에이미는 생물학자의 입장에서 생각해보았다. 파블로의 어미가 다른 고릴라 무리에 합류하려고 네 살 아들을 두고 떠날 때, 어미는 자신이 무엇을 하고 있는지 정확히 알았을 것이다. 아마 이렇게 생각했겠지. '파블로는 자신을 지킬 만큼 충분히 자랐어. 만약 파블로에게 문제가 생기면 무리에 있는 다른 고릴라들이 구하러 오겠지.'

무슨 일이 일어나든, 파블로가 에이미의 품에서 벗어나 고릴라다운 삶을 살아가야 한다고 에이미는 생각했다. 그래서 에이미는 파블로를 짧게 꼭 안아준 후 밀어냈다.

구조하러 가는 아비 고릴라

그다음 며칠 동안, 에이미는 다른 나이 든 암컷 고릴라들이 파블로에게 따뜻하게 대하지 않는 것을 지켜보며 걱정이 앞섰다. 어린 고릴라가 애교를 부리며 에이미에게 자꾸 다가왔지만 그녀는

베토벤 같은 마운틴고릴라들은 덥수룩한 털로 뒤덮인 둥근 공같이 생겼는데, 이는 춥고 습한 환경에서 살아가는 데 도움이 된다. 팔짱을 끼고 어깨를 구부리면 마운틴고릴라는 폭풍우 속에서도 몇 시간을 밖에서 버틸 수 있다.

두 팔을 벌려 안아주지 않았다.

그때 놀라운 일이 벌어졌다. 정글에 검은 구름이 깔리고 소나기가 쏟아질 때, 에이미는 무리에서 왕처럼 행세하는 실버백 수컷 고릴라 베토벤Beethoven이 파블로를 자신의 큼지막한 가슴 아래로 보호하는 것을 보았다. 그 이후 매일 밤, 베토벤은 나무줄기, 넝쿨, 잎 등을 모아 그릇처럼 생긴 따뜻한 둥지를 만들면서 파블로에게도 근처에 작은 둥지를 만들도록 허락했다.

나이가 들어가면서 등 쪽에 자라나는 은색 털 때문에 '실버백'이란 이름이 붙여진 성숙한 수컷 고릴라들은 고릴라 무리에서 최고의 지위를 누린다.

실버백 대부분이 고릴라 새끼들의 아비이지만, 새끼 키우는 일은 대개 어미 고릴라에게 맡긴다. 파블로는 베토벤에게 예외였다.

에이미는 실버백과 아들 사이에 오가는 유대감을 지켜보는 것이 즐거웠다. 이런 흔치 않은 일은, 파블로를 돌려보낸 자신의 결정이 올바른 것임을 입증해주었다. 하지만 그녀는 여전히 파블로의 미래가 어떻게 펼쳐질지 확신할 수 없었다. 에이미는 어른 고릴라로 자라난 파블로를, 더욱이 베토벤 같은 강력한 우두머리가 되는 것을 상상하기 힘들었다. 바라는 게 있다면 오직 파블로가 살아남는 것뿐이었다.

여름이 다가오자, 여자애들은

가족 오두막집이 있는 뉴욕의 애디론댁 산맥에서

석 달간 머무르기 위해 부모님 차에 끼어 탔다.

애디론댁은 아이들의 천국이었다.

에이미는 다섯 살 나이에도 자연의 아름다움에 매료되었다.

2장

산으로 가는 여정

에이미 베더는 집 뒤쪽의 숲과 밭을 돌아다니던 어린 소녀 시절부터 동물과 자연에 매력을 느꼈다. 그녀의 가족은 뉴욕 북부에 800명 정도 거주하는 팰러틴 브리지Palatine Bridge 근교에 살았다.

1951년 3월 24일에 태어난 에이미는 자신을 "베더 가족의 중간 아래"라고 표현하기를 좋아했다. 그녀에게는 자매가 세 명, 즉 낸시, 바버라, 메릴린이 있었고, 끝에서 두 번째였다. 베더 자매들은 시골집 뒷마당에서 세 계절을 함께 놀았다. 그들은 가을에는 나뭇잎을 발로 차고 호박에 조각을 했으며, 겨울에는 이글루를 짓고 얼어붙은 개울 속을 저벅저벅 걸어 다녔다. 그리고 봄에는 개울에서 가재와 달팽이를 잡으러 다녔다.

동물에 대한 관심은 나이가 들면서 더 커졌다.

여름이 다가오자, 여자애들은 가족 오두막집이 있는 뉴욕의 애디론댁 산맥에서 석 달간 머무르기 위해 부모님 차에 끼어 탔다. 애디론댁은 아이들의 천국이었다. 그곳에는 물과 숲, 그리고 함께 뛰어놀 아이들이 많았다! 그곳의 여름은 캐로가 호수에서 수영하기, 수상 스키 타기, 타르를 입힌 도로에서 자전거 타기, 버려진 진흙 테니스장에서 게임하기, 숲 속을 뛰어다니기 위주로 돌아갔다.

하지만 호숫가에서 지내는 생활이 언제나 완벽한 건 아니었다. 언젠가 에이미는 수상 스키 사고로 며칠 동안 병원 신세를 져야 했다.

열네 살 소녀는 수상 스키를 타면서 호수를 몇 바퀴 돌고 있었다. 보트를 몰던 아버지가 돌아가려고 부두 쪽으로 방향을 바꾸는 중이었다. 에이미는 호수를 한 바퀴 더 돌고 싶어 했고, 아빠에게 계속 가라고 말하기도 전에 그녀는 나무 뗏목에 부딪혔다.

1962년, 에이미가 뉴욕 캐로가 호수에서 수상 스키 실력을 뽐내고 있다.

에이미는 허파에서 공기가 빠져나가는 것 같았다. 두려움으로 얼어붙은 채, 그녀는 손을 떼지 말아야지 생각하면서 뗏목의 끝

1960년, 베더 자매들이 애디론댁 산맥에 있는 여름 별장 밖에서 어울려 놀고 있다. 왼쪽부터 바버라(11세), 에이미(9세), 메릴린(6세), 낸시(13세).

에 매달렸다.

에이미의 사촌 피터는 호수에 있는 자기 집에서 충돌 사고를 목격했다. 피터는 호수로 달려가 늦지 않게 에이미에게 당도하기를 바라면서 물속으로 뛰어들었다. 창백해져서 두려움에 떨고 있던 에이미는 자신이 물 밖으로 끌려 나와서 뗏목 위로 옮겨지는 것을 느꼈다. 그러고 나서 그녀는 창자에 난 구멍을 치료하기 위해 몇 시간 동안 병원에서 수술을 받았다.

몇 주 동안 안정을 취한 후, 에이미는 다시 일상생활로 돌아갔다. 그녀는 '큰 바위'라 부르는 숲 속의 장소에서 자매들과 친구들과 함께 어울려 놀았다. 그녀는 숲 속을 혼자 돌아다니거나, 청설모(붉은다람쥐), 얼룩다람쥐, '숙녀의 슬리퍼'라 불리는 분홍색 꽃 등을 주의 깊게 바라보았다.

에이미는 홀로 또는 테이어종 애완견 핍과 함께 집 근처 숲에서 희귀 야생화들을 찾아다니거나 가까운 시냇가 둑 위에서 공상에 잠기곤 했다.

팰러틴 브리지로 돌아와서 에이미는 그해의 나머지 시간을 동물에 둘러싸여서 지냈다. 그녀의 가족은 개, 작은 앵무새, 토끼, 민물고기를 애완동물로 키웠고, 다른 동물들은 아플 때 아빠에게 데리고 갔다.

에이미의 아빠 척 베더Chuck Vedder는 수의사였다. 시골에 살면서, 척은 근처 농장들의 소와 말을 돌보았다. 그는 자택에서도 소규모 동물병원을 운영하면서 고양이와 개를 진찰했다.

에이미의 엄마 매리언Marion은 숙련된 간호사로서 척의 사업을 도와주고 딸들을 보살피는 데 대부분의 시간을 썼다. 매리언은 동물병원에서 개와 고양이의 수술도 도왔다. 에이미와 자매들은 개집을 청소하거나 전화를 받는 등 일손을 보탰다. 베더 집안의 딸들은 모두 송아지나 망아지의 출산을 눈으로 직접 보았다.

아빠는 장시간 일을 했기 때문에, 아이들은 아빠를 자주 보지 못했다. 아빠는 종종 무전기로 잘 자라는 인사를 하기도 했다. 척과 매리언은 낸시, 바버라, 에이미, 메릴린을 모두 대학에 보내려고 열심히 일했다. 에이미의 부모는 집안에서 처음으로 대학에

간 사람들이었다. 그렇기에, 교육에 대한 투자가 딸들의 더 나은 미래로 이어지리라는 것을 잘 알고 있었다. 그들은 좋은 교육을 최우선으로 삼았다.

발견해야 할 새로운 것들

베더 집안의 네 딸은 유치원부터 3학년 때까지는 집에서 가까운 작은 석조 건물 학교에 다녔다. 에이미가 3학년이 되었을 때였다. 그녀는 엄마에게 신문을 큰 소리로, 거꾸로 들고, 얼마나 빠르게 잘 읽을 수 있는지 보여주었다. 에이미의 엄마는 셋째 딸이 재능이 뛰어난 건지, 아니면 그냥 조금 이상한 건지 궁금했다. 에이미는 이렇게 말했다. "엄마, 나는 도움을 주는 사람이거든요. 반에서 내 건너편에 앉은 애가 글 읽는 걸 배울 수 있도록 도와준다고요."

초등학교부터 고등학교까지, 에이미는 학교에서든 방과 후든 늘 적극적이었다. 큼지막한 돌과 조개껍데기를 자랑스럽게 보여주었던 과학 전시회에서부터 농구, 소프트볼, 치어리더까지 다양한 것들을 시도했다. 그녀는 동시에 공부도 열심히 했고, 그에 따른 상도 받았다. 에이미는 1969년 고등학교를 졸업할 때 반에서 일등이었다.

열세 살의 에이미가 팰러틴 브리지 집 뒤쪽의 야외에서 햇볕을 쬐고 있다. 학창 시절에 그녀는 농구, 소프트볼, 치어리더 활동에서 두각을 나타냈고 운동장 밖에서는 과학과 수학에 뛰어났다.

대학 진학을 앞두고는 수학과 생물학 중 무엇을 전공할지 고민했다. 그녀는 두 과목 다 좋아했다. 둘 중에 하나만 고르는 것은 힘든 일이었는데, 결국 장기적으로 봤을 때 그녀가 가장 많이 관여할 것 같았던 생물학을 선택했다. 숲에서 보냈던 몇 차례의 여름에 대한 기억이, 에이미에게 자연환경에서 동물을 관찰하는 것이 얼마나 재미있는 일인지 알게 해주었다. 발견해야 할 새로운 일, 예측하지 못한 일이 언제나 있을 것이라고 그녀는 생각했다.

느릅나무 아래의 로맨스

에이미는 딱 한 대학교에만 지원서를 보냈다. 펜실베이니아에 있는 스와스모어Swarthmore라는 퀘이커교 계열의 소규모 학교였다. 스와스모어는 명성이 자자한 생물학 강좌가 있었을 뿐 아니라 숲으로 둘러싸인 아담한 교정이 있었다. 집에서처럼, 숲은 에이미가 원할 때마다 모든 것으로부터 벗어날 수 있는 장소가 될 것이었다. 스와스모어에 도착한 지 며칠 안 되어 에이미는 빌 웨버Bill Weber라는 젊은 남자를 만났다. 빌은 2학년에 라크로스lacrosse(하키 비슷한 구기. 캐나다의 국가 경기) 선수였고 전공은 심리학이었다. 그 또한 뉴욕 북부의 작은 마을에서 자랐고, 에이미처럼 어린 시절의 대부분을 집 주위의 숲과 들판을 누비고 다니면서 보냈다. 처음 만난 날, 빌은 스와스모어 잔디밭에 앉아 예쁜 여자 신입생이 자신을 향해 걸어오는 것을 보았다. 그녀는 갈색 긴 생머리에 눈부신 미소를 짓고 있었다.

에이미(아래 왼쪽)가 스와스모어 대학교에서 라크로스 동료 선수들과 함께 인간 피라미드 쌓기를 하고 있다.

플로리다까지 갔던 장거리 자동차 여행을 마치고 돌아오는 길에 에이미(오른쪽 아래)와 남자 친구 빌 웨버(밴 위의 맨 왼쪽)가 친구들과 포즈를 취하고 있다.

에이미가 빌의 데이트 신청을 받아주기까지는 꼬박 한 학기가 걸렸다. "에이미는 머리를 길게 기른 운동선수가 어떤 사람일지 확신할 수 없었을걸요."라고 빌은 회상했다.

당시 사회적으로나 정치적으로 혼란스러운 시대였지만, 에이미는 고등학교 때와 마찬가지로 대학에서도 모범생이었다. 1960년대는 베트남 전쟁과 존 F. 케네디 대통령과 마틴 루터 킹Martin Luther King Jr.의 암살로 혼란에 휩싸여 있었다. 시위는 대학 교정에서 일상적으로 벌어졌고, 스와스모어는 평화 시위와 파업의 중심지였다. 이러한 와중에도 에이미는 자신의 전공과 스포츠에 집중했다.

에이미의 강한 집중력은 잠시도 쉴 틈을 주지 않았다. 그러나 2학년 봄방학 때 그녀는 잠시 쉬기로 마음먹었다. 에이미는 빌과 몇 명의 친구들과 함께 밴에 올라타 플로리다 남동쪽의 조너선 디킨슨 주립공원으로 향했다.

흔들리는 야자나무 아래에서, 그들은 캠핑을 하고, 잡초가 우거져서 미로처럼 돼버린 수로에서 카누를 타고, 위가 쓰라릴 때까지 신선한 자몽을 잔뜩 먹어댔다.

겨울 연말연시가 다가왔을 무렵, 빌은 자신이 에이미를 너무 사랑하고 존중하기에 평생을 함께하고 싶다는 생각이 들었다. 겨울방학에 빌은 에이미의 본가를 방문해 그녀에게 약혼반지를 주며 청혼했다.

1972년 6월 빌이 졸업하기 이틀 전, 에이미와 빌의 가까운 친구들과 가족들은 그늘이 드리운 스와스모어 교정에 모였다. 그날 소박한 꽃무늬 드레스를 입은 에이미는 그녀의 가장 좋은 친구였던 남자와 결혼했다. 에이미는 자신이 스물한 살에 결혼하게 되리라고는 꿈에도 생각하지 못했다. 하지만 그녀는 말했다. "그것은 잘한 일인 것 같아요."

1972년 6월, 에이미와 빌이 스와스모어 교정에서 결혼 서약을 준비하고 있다.

당신이 좋아하게 될 가장 힘든 일

이듬해 에이미가 대학을 졸업하자, 그녀와 빌은 큰 모험을 감행하기로 결정했다. 둘 다 고등학교 때 프랑스어를 배웠기에, 이 신혼부부는 프랑스어를 사용하는 두 지역, 태평양 섬과 중앙아프리카 중 한 곳에서 봉사단으로 활동하고 싶다며 미국 평화봉사단에 입단 원서를 제출했다. 그들이 자이레[Zaire]로 떠나는 100여 명의 자원봉사자들과 함께하게 되었다는 걸 알았을 때, 그들은 '좋아. 그런데 거기가 어디지?'라고 생각했다. 그들은 곧, 자이레가 오늘날 콩고민주공화국[Democratic Republic of the Congo, DRC]으로 알려진, 중앙아프리카의 중심에 있는 나라라는 것을 알게 되었다.

에이미의 부모는 아프리카에 살기로 한 그녀의 계획에 걱정이 앞섰다. 그곳은 전쟁이 벌어지고 있는 곳이었고, 딸과 사위가 가기로 한 지역의 몇몇 나라는 정치적으로 불안정했다. 에이미는 모든 것이 괜찮을 거라고 부모님을 안심시켰다.

하지만 아프리카로 가는 길에, 에이미는 부모가 옳았을지도 모른다고 생각하게 되었다. 런던에서 자이레 동부로 가는 도중에, 그녀가 탄 비행기의 조종사는 르완다에서 이웃 국가 우간다로 경유지가 바뀌었다고 공지했다. 나중에야 그 이유를 들었다. 그날 르완다 정부를 전복하려는 쿠데타가 일어났고 공항이 폐쇄되었던 것이다.

에이미는 우간다에 예고 없이 착륙하기로 했다는 결정에 마음이 편치 않았다. 그 당시 우간다는 예측 불허의 무자비한 독재자 이디 아민Idi Amin이 통치하던 시절이었다. 바로 2년 전인 1972년에, 아민은 우간다인 수백 명을 사형시켰다. 미국 정부가 모든 외교 관계를 단절한 그런 나라에 착륙하다니, 에이미는 초조해지기 시작했다.

억류되고 수색을 당하다

빠르게 연료를 채운 후에, 비행기는 다시 자이레를 향해 이륙했고 에이미는 좌석에서 긴장을 풀었다. 그러나 그때 조종석에서 또 다른 발표가 있었다. "우간다 항공 교통 관제소에서 우리에게 공항으로 되돌아오라고 명령했습니다.” 나중에야 알았지만, 에이미와 빌의 비행기가 이륙했을 때 아민은 우간다를 방문하는 외국 대통령을 맞이하려고 공항에 와 있었다. 비행기에 누가 있는지 의심스러워 아민이 비행기를 공항으로 돌아오게 한 것이었다.

그 이후 50시간 동안, 에이미, 빌 그리고 다른 평화봉사단 자원봉사자들은 엔테베Entebbe 공항에 억류돼 있었다. AK-47 라이플 소총을 어깨에 멘 카키색 옷의 군인들이 그들을 감시했다. 우간다 정부가 그들의 짐을 수색하고 승객들을 무작위로 인터뷰하는 동안, 자원봉사자 112명은 지루하게 그러나 긴장 속에서 어서 풀려나기를 기다릴 수밖에 없었다.

공항에서 일하는 몇몇 우간다 직원이 에이미와 친구들에게 사과했다. “이런 경험으로 우리나라를 판단하지 말아주십시오.” 에이미는 그 상황이 우간다 정부의 문제이지 우간다 사람들의 문제는 아니라는 걸 알았지만, 그렇다고 스트레스가 줄어드는 건 아니었다. 시간이 지남에 따라 에이미와 빌은 다른 봉사자들과 이야기를 나누고 제공된 음식을 먹는 등 주어진 상황에서 최선을 다했다.

저녁에 에이미와 다른 사람들은 허락을 받아 TV로 우간다의 국내 뉴스를 접할 수 있었다. 그때서야 사람들은 우간다 정부가 자신들을 “르완다를 와해시키기 위한 해외 용병들”이라고 비난하고 있다는 걸 알게 되었다. 듣자 하니, 에이미 일행의 비행시간이 르완다에 쿠데타가 일어난 날이라는 점에서 우간다 독재자는 그들이 관여됐다고 주장했던 것이다.

고향에서는 감금된 평화봉사단원들에 대한 뉴스로 방송국이 소란스러웠다. 에이미의 부모 또한 뉴스를 들었다. 기자들은 에이미의 부모에게 전화를 걸어 "당신의 딸이 감금된 것에 대해 어떻게 생각합니까?"라는 질문을 던졌다.

'이 판국에 무슨 생각?' 하고 매리언은 생각했다. "우리는 그저 그 애가 안전하기만을 빌어요." 그녀는 기자들에게 말했다.

감금된 지 3일 만에 자원봉사자들은 풀려났다. 자이레의 대통령 모부투 세세 세코Mobutu SeSe Seko가 이디 아민에게 진실을 보도록 설득했다. 이디 아민이 억류한 죄수들은 단지 자원봉사자인 학교 선생님들일 뿐이라고.

에이미는 안심했다. 마침내 그녀와 빌은 자이레 키부 호수의 남서쪽 해변에 있는 도시 부카부Bukavu로 가게 되었다.

낯선 신세계

아프리카에서 정신없이 지낸 처음 며칠 동안, 에이미는 인상 깊은 충고 한마디를 들었다. "처음 2년 동안 당신은 낯설고 특이한 일들을 많이 보게 될 거예요." 어느 오후에 봉사자를 대상으로

빌과 에이미가 아프리카 놀이공원에서 사진을 찍기 위해 포즈를 취하고 있다. "우리는 색다른 문화에서 살아보고 싶었어요." 에이미는 평화봉사단에 참가하기로 한 그들의 결정을 회상했다.

교육하는 한 예수회 성직자가 말했다. "언제나 당신 앞에 물음표를 놓아두세요. 당신이 보는 무엇인가를 판단하기 전에 꼭 '왜'라고 질문을 하세요. 그것은 틀린 게 아니라 단지 다르기 때문일 수 있거든요."

이 현명한 충고를 가슴에 담고 기본 프랑스어 실력으로 무장한 채, 에이미는 지방의 한 고등학교에서 화학, 생물, 물리를 가르치기 시작했다. 학생들은 프랑스어, 영어, 스와힐리어Swahili 세 가지 언어로 "여기서 나가! 가버려!"라고 외치며 그녀를 맞았다. 빌도 그가 가르치는 영어와 지리 시간에 비슷한 저항에 부딪혔다.

에이미와 빌은 나중에서야 아이들이 그들의 도움을 원치 않았던 이유를 알게 되었는데, 학교 교장과 상당수 교사가 성적을 대가로 학부모로부터 돈을 뜯어내고 있었기 때문이었다. 그러다 보니 부유한 가정의 학생들은 배우는 데 전혀 흥미가 없었다. 에이미는 '우리가 왜 이 일을 하고 있지?' 같은 질문을 스스로에게 던지며 심란한 날들을 보냈다.

이런 경험은 에이미와 빌이 기대했던 것이 아니었다. 그러나 그들은 평화봉사단에 2년 동안 활동하기로 약속했고, 결국 약속을 지키기로 결심했다. 그들은 계속 수업을 진행했고 시험 문제도 냈다. 많은 학생이 수업 시간에 집중하지 않았고 시험 보는 것도 거

자이레 중남부에 있는 한 학교의 학생들이 에이미가 가르치는 수업을 듣기 위해 기다리고 있다.

부했다. 학생들은 교장 선생님에게 돈을 건네면 합격 점수를 받는다는 것을 알고 있었다.

일 년간의 좌절을 겪고 난 후, 평화봉사단의 교육 담당자가 그녀와 빌에게 교사 채용 공문으로 가득한 파일 상자를 건네며 이렇게 말했다. "과학 교사와 영어 교사를 필요로 하는 학교를 찾아보세요. 그러면 당신들을 옮겨주겠습니다." 에이미는 무척 기뻤다.

에이미와 빌은 그 나라의 중남부에 있는 작은 시골 기숙학교를 선택했다. 자이레에서도 가난한 축에 속하는 이 지역에서 일부 학생들이나마 학교를 다닐 수 있었던 것은 마을 전체가 그들을 학교에 보내려고 돈을 모금했기 때문이었다. 배우고자 하는 열망으로 가득한 학생들은 새로운 선생님을 맞았다.

'마침내, 내가 진짜 중요한 일을 할 수 있게 됐어.'

기쁨도 잠시, 에이미는 여전히 계속되는 의문으로 고민이 깊어졌다. '여성에게 거의 기회를 주지 않는 사회에서 우리 학급에 있는 소녀들은 무엇이 될 수 있을까?'

비록 십대에 불과했지만, 대다수 소녀가 일찌감치 시집을 갔다. 아이들의 부모가 일방적으로 정한 것이다. 에이미는 그들 앞에 놓인 삶이 힘겨우리라는 것을 알았다. 그녀는 예전에 자이레 기차역에서 보았던 어느 부부의 모습을 떠올려보았다. 여인은 무거운 짐을 머리에 이고, 아기를 등에 업고, 다른 아이를 팔에 안고 있었다. 남편은 얄팍한 서류 가방 하나만 들고 있었을 뿐이다. 자이레 사람들은 여자들이 아이를 돌보면서도 땔감을 모으고, 물을 끌어오고, 밭을 매는 등 힘든 일들을 하는 것을 당연시했다. 남자들은 좀 더 여유로운 삶을 살았다.

에이미는 여자아이들에게 인간으로서 누려야 할 가치를 심어주기로 결심했다. 그녀는 여자아이들도 사회에 공헌할 수 있다는 것을 이해시키려고 했다. 그녀는 아이들을 일깨웠다. "너희는 특별해. 이것을 절대 잊지 마."

아프리카의 한 여성이 밭에서 일하다가 휴식을 취하고 있다. 에이미는 자기가 가르치는 가장 똑똑한 여학생소차 힘거운 노동을 하며 삶을 살아갈 것이고 그것이 그 아이의 운명일지도 모른다는 생각에 속이 상했다.

하루는 아이 몇 명이 에이미에게 물었다. "선생님은 자신이 특별하고, 독립적인 사람이라면서, 어째서 원래의 성을 포기하고 남편의 성을 따랐나요? 우리는 그러지 않아요."

에이미는 그들이 말한 것을 곰곰이 생각해보았다. 미국에서는 여성이 결혼하면 남편의 성을 따르는 것이 일반적이다. 하지만 에이미는 그것이 관습이라는 것 외에는 적당한 답을 찾을 수 없었다. 그녀는 미국에 돌아가면 자신의 성을 다시 베더로 되돌리기로 결심했다.

왕 같은 거대한 수컷 고릴라

에이미와 빌은 학교 수업 시간 외에는 트럭, 배, 기차, 버스를 타고 아프리카를 여행했다. 텐트를 빌려 국립공원 열 곳에서 캠핑을 하며 얼룩말에서부터 기린, 버펄로, 하마, 사자, 영양까지 아프리카 대륙의 야생동물들을 찾아다녔다. 그들은 또한 뜨겁고 건조한 사막, 사바나 초원에서부터 춥고 습한 산맥에 이르기까지, 다양한 서식지를 경험했다. 에이미와 빌은 아프리카 자연환경의 아름다움과 다양성을 보면서, 아프리카 대륙의 특별 장소를 보존하는 데 도움이 되고 싶다는 욕구를 느꼈다.

이런 생각은 자이레의 카후지-비에가Kahuzi-Biega 국립공원을 방문하고 나서 더 강해졌다. 그곳, 비에 흠뻑 젖은 열대림 캐노피 아래에서 에이미는 난생 처음 야생 고릴라를 보았다.

"가서 옆에 앉아보세요."

공원 관리소장 애드리언 드쉬라이버가 속삭였다.

처음에 에이미는 드쉬라이버가 농담을 한다고 생각했다. 그러나 이 거대한 동부 저지대의 수컷 고릴라 캐시미어Casimir가 너무

아프리카 여행 중, 텐트 앞에서 에이미가 포즈를 취하고 있다. 승용차를 얻어 타거나 버스를 타고 다니며, 이 부부는 국립공원 열 군데에서 캠핑을 했다.

흥미로워, 겁 없는 스물두 살의 에이미는 거부할 수 없었다. 활짝 미소를 지으며, 에이미는 왕같이 거대한 생물체를 향해 기어가기 시작했다.

사실, 관리소장의 말은 농담이었다. 그는 젊은 여자가 그렇게 큰 동물에게 다가갈 용기가 있으리라고는 생각하지 않았다. 공포에 질린 채 드쉬라이버는 손을 뻗어 에이미의 벨트를 잡고 자신이 있는 쪽으로 확 끌어당겼다.

그후 30분 동안 그들은 캐시미어와 그 가족으로부터 약 18미터 떨어진 곳에 앉아서, 동물들이 우거진 대나무 숲으로 들어갔다 나왔다 하면서 움직이는 것을 긴장 속에서 지켜보았다. 때때로 고릴라의 외침이 숲에 울려 퍼졌다. 에이미는 유인원들의 움직임과 소리, 그리고 호기심 가득한 눈으로 자신을 바라보고 있는 모습에 그만 매료되고 말았다.

에이미는 캐시미어와 마주친 후 다음과 같은 생각이 들었다. '평화봉사단 활동 후 내가 하고 싶은 일은 무엇일까?' 그녀는 답을 찾았다. 아프리카로 돌아와서 야생 고릴라를 공부하자.

다음엔 무얼 하지?

1975년, 2년간의 평화봉사단 계약이 끝났다. 에이미와 빌은 미국으로 돌아가 '야생동물 보호'를 진로로 삼을 수 있는 대학원을 찾기 시작했다. 미 대륙을 횡단하며 여러 대학교를 방문한 끝에, 그들은 위스콘신주 매디슨Madison에 있는 위스콘신 대학교를 찾아냈다. 그들은 그곳에 정착해서 한 학기 후에 아프리카로 돌아간다는 것을 목표로 삼아 공부하기 시작했다.

한 동료 대학원생이 두 사람을 전도유망한 영국인 영장류 동물학자 리처드 랭엄Richard Wrangham과 연결시켜주었다. 리처드는 당시 르완다의 볼케이노 국립공원Volcanoes National Park에 있는 카리소케Karisoke 연구소를 방문한 적 있었다. 카리소케 연구소의 다이앤 포시Dian Fossey 소장은 멸종 위기에 놓인 마운틴고릴라를 연구하고 있었다. 리처드는 에이미와 빌의 연구가 카리소케에서 진행하는 연구에 도움이 될 것이며 다이앤이 그들을 환영할 것이라고 믿었다. 하지만 에이미와 빌은 다소 걱정이 앞섰다. 다이앤이 함께 일하기 어려운 사람이라는 평판을 들었기 때문이다.

디짓은 다이앤 포시의 마운틴고릴라 연구를 보여주는 TV 다큐멘터리와 잡지 기사로 널리 알려졌다. 1978년 2월, 디짓은 밀렵꾼에게 살해당했다.

리처드는 부부에게 다이앤이 에이미와 빌의 일에 대해 더 알고 싶다는 내용의 공문서를 전해주었고, 부부는 르완다의 상황에 맞게 연구 계획서를 수정했다. 그리고 1977년 10월, 그들은 시카고에 있는 한 호텔 식당에서 다이앤을 만났다. 저녁 식사 후, 다이앤은 그들의 연구 계획서를 읽었다. "현지 사람들과 일하는 것은 희망이 없어요." 그녀는 이렇게 언급하면서도 그들의 제안을 받아들였고, 에이미와 빌이 르완다에 도착하는 잠정적인 날짜를 정했다.

1978년 2월 3일, CBS 저녁 뉴스는 르완다에서 밀렵꾼, 불법 사냥꾼들이 다이앤 포시의 연구로 유명해진 '디짓'이라는 이름의 마운틴고릴라를 죽였다고 방송했다. 1978년까지 에이미와 빌은 몇 학기 동안 관련 지식을 습득했다. 그들은 뉴욕시 브롱크스 동물원에 사무국을 두고 있는 야생동물보호협회Wildlife Conservation Society, WCS로부터 르완다에서 18개월 동안 지낼 수 있는 충분한 연구 자금을 확보했다.

두 사람은 곧바로 볼케이노 국립공원 내 카리소케 연구소로 향했다. 볼케이노 국립공원에는 밀렵꾼들이 '디짓'을 잔인하게 살해한 숲이 있었다.

다이앤 포시는 누구인가?

1970년대 초, 다이앤 포시는 그녀가 '그룹 4'라고 이름 붙인 르완다 마운틴고릴라 무리를 만나서 세계적으로 유명해졌다.

다이앤은 생물학자나 환경운동가로 정식 교육을 받은 적은 없었다. 그녀는 작업 치료occupational therapy 학위를 가지고 있었는데, 작업 치료는 특별한 운동으로 사람들이 병에서 회복할 수 있도록 도와주는 의학의 한 분야이다. 그러나 다이앤은 아프리카와 고릴라에 관심이 많았을 뿐만 아니라 유명한 고고학자 루이스 리키Louis Leakey와 만나면서 그녀 역시 고릴라 연구자로 유명해졌다.

1967년 르완다에 카리소케 연구소를 세운 후, 다이앤 포시는 고릴라의 행동 연구에 집중했다. 그녀는 오후 중반(오후 3~4시쯤) 고릴라가 휴식을 취할 때 가족 간의 상호작용을 지켜보는 데 많은 시간을 보냈다. 그녀의 연구가 크게 약진하게 된 계기 중 하나는 1970년에 일어났다. 피너츠Peanuts라 불리는 성숙한 수컷 고릴라가 손을 뻗어서 다이앤의 손을 만졌을 때였다. 이것은 고릴라와 사람 사이에 '우호적인' 접촉으로 기록된 첫 번째 사건이었다.

1978년, 에이미와 빌이 카리소케에 도착했을 때, 다이앤은 현장 연구를 많이 하지는 않았다. 그녀는 대신, 디짓Digit(고릴라 이름) 학살 사건 이후 고릴라 밀렵에 반대하는 대중 캠페인을 시작했다. 2년 후 다이앤은 뉴욕주의 이타카Ithaca에 있는 코넬 대학교에서 일하게 되어 르완다를 떠났다. 그곳에서 그녀는 마운틴고릴라를 다룬 책 『안개 속의 고릴라*Gorilla in the Mist*』를 완성했다.

잡지 기사와 다큐멘터리 영상 덕분에 다이앤 포시와 비룽가 마운틴고릴라들은 전 세계적으로 유명해졌다. 대중 매체의 관심이 없었다면 르완다의 고릴라 개체 수는 세상에 알려지지 않았을 것이다.

다시 한 번 아프리카 문화에 흠뻑 젖어들고,

놀랄 만큼 아름다운 경관에 둘러싸여 기분이 좋았다.

비룽가 산맥 정상.

3장

수천 개의 언덕이 있는 땅

에이미와 빌이 흔들거리는 픽업트럭 뒤에 타고 르완다의 경관을 가로질러 갈 때 그녀의 짧은 밤색 머리가 바람에 나부꼈다. 디짓이 죽고 나서 겨우 몇 주가 지났다. 에이미는 평화봉사단에서 스와힐리어를 배워서 주변에서 오가는 대화를 어느 정도 알아들을 수 있었다. 트럭에는 르완다인이 10여 명 이상 타고 있었지만 아무도 디짓에 대해 이야기하진 않았다. 에이미는 그 이유를 알았다. 르완다인 대부분은 그들과 함께 살고 있는 마운틴고릴라에 대해 들어본 적이 없었던 것이다.

하지만 아프리카를 벗어나면 디짓은 거의 누구나 아는 이름이었다. 전 세계 수천 명이 디짓과 그 가족을 다룬 잡지 기사를 읽었고 TV 다큐멘터리를 시청했다. 젊은 실버백(고릴라 무리의 우두

비룽가 산맥 정상은 르완다 볼케이노 국립공원의 국경선을 표시한다. 그곳 비소케 경사면에서 에이미는 마운틴고릴라를 연구했다.

머리) 고릴라가 한창때에 밀렵꾼이 가지고 다니는 창과 칼에 쓰러졌다는 뉴스가 전해지자, 전 세계에서 (이를 애도하는) 엽서가 르완다로 쇄도했다. 정부가 남아 있는 마운틴고릴라를 보호하라고 촉구하는 내용이었다.

'고릴라들에게 무슨 일이 일어나는지 많은 사람이 신경 쓰고 있을 거야.' 에이미는 덜컹거리는 트럭에서 생각했다. 그런 생각을 하니 조금 겁이 나기도 했다. 그래도 한편으로는, 다시 한 번 아프리카 문화에 흠뻑 젖어들고, 놀랄 만큼 아름다운 경관에 둘러싸여 기분이 좋았다.

에이미는 르완다 수도 키갈리Kigali로 가는 비행기에서 르완다의 들쭉날쭉한 대지를 내려다보면서, 르완다가 '수천 개의 언덕이 있는 땅'이라 불리는 이유를 비로소 알게 되었다. 그녀는 트럭의 침대에서 시골 지형을 360도 조감도로 보고 있는 듯했다. 잎이 우거진 커피와 바나나 농장들이 언덕에 산재되어 콩과 고구마 밭으로 이어지고 있었다.

운전을 시작한 지 네 시간쯤 되자, 이 나라의 가장 큰 언덕인 비룽가 화산군이 지평선에 차례로 나타났다. 약 3500미터에서 거의 4500미터 높이까지 분포하는 이 산맥들은 상징적인 이름을 가진다. 카리심비Karisimbi는 조개껍데기, 분화구 호수가 있는 비소케Visoke는 물웅덩이, 울퉁불퉁한 사비인요Sabyinyo는 노인의 이빨, 가힌가Gahinga는 윗부분이 평평한 괭이, 높이와 위치 덕분에 랜드마크 역할을 하고 있는 무하부라Muhavura는 안내자라는 뜻이다.

이 다섯 개의 화산은 1925년 마운틴고릴라 보호구역으로 지정된 볼케이노 국립공원의 국경선을 이룬다. 에이미는 아직 밝혀지지 않은 고릴라의 비밀을 풀기 위해, 한시라도 빨리 공원의 계곡과 가파른 경사면들을 탐사하고 싶었다.

마운틴고릴라가 르완다에 정확히 얼마나 남아 있는지 아무도 모르지만, 이 종이 심각한 멸종 위기에 직면해 있는 것은 분명했다. 1973년에 마지막으로 확인된 르완다의 고릴라 개체 수는 250~275마리 정도에 불과했다. 이제 디짓이 없기 때문에, 르완다의 마운틴고릴라 개체 수는 또 한 마리 줄어들었다.

몇몇 연구자는 마운틴고릴라가 공룡처럼 멸종하기 전에, 알아낼 수 있는 모든 것들을 최대한 알아내려고 했다. 동물들이 영원히 사라지는 것은 시간 문제일 뿐이라고 연구자들은 확신했다. 고릴라의 종말을 옆에서 그저 지켜보며 기록하고 싶지는 않았던 에이미와 빌은 고릴라를 구할 방법을 찾고 싶었다.

이 매혹적인 생명체에 대해 알아야 할 것은 여전히 많았다. 1902년 독일인 탐험가 오스카 폰 베링게Oscar von Beringe가 르완다의 험준한 중앙아프리카 숲에서 키가 크고 "사람 같은" 생명체를 봤다고 보고한 지 100년도 채 되지 않았다.

고릴라 종

세계 최초의 고릴라는 620만 년에서 840만 년 전 사이에 서부 중앙아프리카의 습한 저지대 숲에서 모습을 드러냈다. 초기 유인원들은 동쪽으로 이동해가다가, 거대한 콩고 강을 만났고 북쪽 강둑을 따라 수백 킬로미터를 수많은 세대에 걸쳐서 이동했다. 결국 몇몇 고릴라 가족은 무리에서 갈라져 나와 서부 알버틴 리프트 산맥 정상에 정착했다.

이러는 동안에 지구의 기후가 변하고 있었다. 새로운 기후에 적응하지 못한 지역의 나무와 식물은 좀 더 적합한 종으로 바뀌었다. 이런 환경 변화는 동물에게도 영향을 끼쳤다. 수만 년에 걸쳐 각 고릴라 무리는 '고릴라 베링게이*Gorilla beringei*'와 '고릴라 고릴라*Gorilla gorilla*'라는 개별 종으로 진화했다. 이런 큰 분류 아래 과학자들은 고릴라 무리를 네 종류의 고릴라 아종亞種 또는 유형으로 나누었다. '동부저지대고릴라eastern lowland gorilla', '서부저지대고릴라western lowland gorilla', '마운틴고릴라mountain gorilla', '크로스리버고릴라Cross River gorilla'다. 각 아종은 서식지에 적합한 육체적 특징을 지니고 있다.

에이미가 야생에서 본 첫 번째 고릴라는 동부저지대고릴라Gorilla beringei graueri로, 이전에 자이레로 불렸던 콩고민주공화국DRC의 거대한 숲 속에 산다. 동부저지대고릴라는 가봉, 카메룬, 콩고의 저지대에 사는 서부저지대고릴라보다 얼굴이 길고 어깨가 넓다. 서부저지대고릴라의 머리 윗부분이 종종 갈색인데 비해, 동부저지대고릴라는 몸 전체가 검은색이다.

에이미가 르완다에서 연구했던 아종

은 마운틴고릴라(아래, 학명 *Gorilla beringei beringei*)다. 다른 고릴라들보다 털이 길고 수북해서 겉모습을 보면 껴안고 싶은 마음이 든다. 안타깝게도, 300~400마리 정도 되는 두 무리의 마운틴고릴라만 우간다와 르완다, 콩고 국경에 걸쳐 존재한다.

약 300마리 정도 되는 크로스리버고릴라 Gorilla gorilla diehli는 나이지리아와 카메룬 사이 국경을 따라 몇몇 고립된 지역에 살고 있다. 이 아종은 몸 크기를 봐서는 다른 서부 고릴라와 다르지 않지만, 실제로는 턱이 작고 두개골이 짧다.

오늘날 동부저지대고릴라와 서부저지대고릴라는 둘 다 멸종 위기에 직면해 있는데, 아프리카를 비롯한 전 세계의 많은 사람들이 걱정하고 있다.

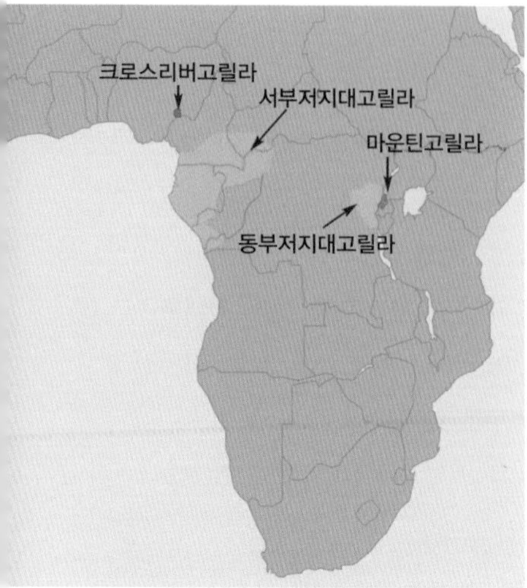

야생 고릴라 무리는 중앙아프리카의 고립된 지역에서만 발견된다. 그곳에 살고 있는 네 종류의 고릴라 아종은 모두 오늘날 위험한 상황에 놓여 있는데, 이는 고릴라가 멸종될 위기에 처해 있다는 것을 의미한다.

야생생물학자 조지 셸러George Schaller가 고릴라는 킹콩처럼 사람을 먹는 괴물이라는 미신을 벗긴 지 20년도 되지 않았다. 그리고 다이앤 포시가 고릴라와 인간이 행동 측면에서 얼마나 비슷한지 보여준 것도 10년밖에 안 되었다.

에이미도 다이앤처럼 고릴라의 행동에 관심이 있었다. 그러나 연구만 한다고 해서 점점 줄어들고 있는 이 종을 구할 수 없다는 사실 또한 잘 알고 있었다. 그녀는 마운틴고릴라의 생태, 동물과 환경과의 관계에 집중하기로 했다.

에이미의 연구에 맞추어 빌은 고릴라가 얼마나 많이 생존해 있는지 알아내고, 르완다인과 그들의 지도자가 고릴라 서식지 파괴를 밀어붙이는 요인이 무엇인지 파악하는 것을 목표로 삼았다.

언덕에 있는 집에서

에이미와 빌이 비소케 기지 근처 루헨게리Ruhengeri라는 작은 마을에 도착했을 때는 늦은 오후였다. 어떤 트럭 운전사가 그들을 다이앤 포시의 캠프로 가는 산길까지 데려다주기로 했고, 그와 동행했다. 거기서부터 그들은 약 한 시간 동안 도보로 등산을 해야 했다.

해발 약 2700미터인 산길의 시작점에서 트럭 밖으로 나오니, 숨쉬기가 약간 힘들었다. 다이앤의 현장 연구소가 있는 곳은 높이가 약 3000미터의 카리심비와 비소케 화산 사이의 산 속이어서(그래서 연구소 이름이 '카리소케'였다), 그곳은 공기가 더 희박할 것이다.

에이미와 빌은 배낭을 어깨에 메고, 용암 돌벽 사이로 난 좁은 산길을 오르기 시작했다. 그 산길은 코끼리들이 지나다녀서 부드럽게 닳아 있었다. 산길은 화산의 남쪽 면을 따라 이어졌고, 그 지역의 풍부한 강수량 덕분에 늘 촉촉한 에메랄드 빛 오아시스를 관통해 지나갔다. 그후 풀이 무성한 공터를 이리저리 거닐기도 하고, 진흙투성이 개울을 건너가기도 했다. 에이미는 희박해진 공기 탓에 숨을 헐떡였다. 마침내, 멀리서 거대한 하게니아 Hagenia(아프리카산 붉은 삼나무. 브라에라나 쿠소라고도 부른다—옮긴이) 나무 사이로 흩어져 있는 카리소케의 오두막 여섯 채가 보였다.

캠프의 가장자리에, 앞으로 에이미와 빌이 18개월 동안 집으로 이용할 오두막이 있었다. 물결 모양의 양철 벽과 지붕으로 이

에이미와 빌은 카리소케 연구소에서 일하는 동안 이 작은 양철집에서 살았다. 집에는 수도가 없었고 장작 난로가 온기를 제공했다. 목욕물은 밖에서 따로 불을 피워 데워야 했다.

루어진 판잣집 같은 모습은 이 지역의 얼어붙는 듯한 한밤의 추위를 막지 못할 것 같았다. 그러나 안쪽에는 필수품이 다 갖춰져 있었다. 장작 난로, 글 쓰는 책상, 석유 버너를 놓을 수 있는 작은 탁자가 있었다. 에이미와 빌은 무엇이 됐건 냄비 하나 분량의 음식을 만들려면 이 버너가 필요할 것이었다. 또 다른 식사용 탁자는 판자 여러 개로 만들어졌다. 책과 식료품을 놓을 선반, 침대와 다 쓰러져가는 옷장이 있는 두 번째 방, 뒤편의 별채, 이런 단출한 새 집이 에이미와 빌을 기다리고 있었다.

해가 진 뒤에 오두막은 쌀쌀해졌고, 에이미는 온기를 유지하려고 침대 위에 침낭을 쌓아놓았다. 다음 날 아침 그녀와 빌은 일찍 일어나서 서둘러 차를 한 잔 끓여 마셨다. 그후 두 사람은 전날 디짓의 가족이 목격됐다는 장소로 데려다줄 젊은 영국인 생물학자를 만나러 달려갔다.

그들은 짓밟힌 초목, 한 무더기의 동물 똥, 반쯤 먹은 식물 등 고릴라가 남긴 자취들을 따라 이리저리 배회하는 고릴라 무리를 추적했다. 흔적을 따라 몇 시간을 걸으며 추적한 끝에, 연구자들은 조그만 공터에서 조용히 쉬며 먹고 있는 디짓의 무리와 거의 맞부딪칠 뻔했다. 에이미는 고릴라들이 그녀의 접근을 용인할 뿐 아니라, 호기심 어린 눈으로 관찰하는 것을 보고 놀랐다. 그녀가 그들에게 흥미가 있는 것처럼 그들도 그녀에게 흥미가 있는 것일까?

에이미는 유인원들을 방해하지 않도록 바닥에 무릎을 꿇고 조용히 앉았다. 잠시 후 두 살 난 수컷 고릴라 크웰리Kweli가 다가왔다. 크웰리는 수줍게 시선을 돌렸고 에이미의 청바지 단을 만진 후 재빨리 다시 어미 곁으로 갔다.

에이미는 크웰리의 깊은 갈색 눈과 무리의 평화로움에 감탄했다. '왜 도망가지 않니?' 그녀는 궁금했다. '밀렵꾼들이 기억 안 나? 밀렵꾼들이 마체테machete(남아메리카 원주민이 사용하던 날이 넓고 큰 칼.―옮긴이)를 휘둘러 퍽 하는 소리와 함께 뒤섞인 디짓의 비명소리를 기억하지 못하니?'

동이 트자마자 그녀는

고릴라의 흔적을 뒤쫓았다.

그룹 5의 고릴라들을 하루 종일 따라다니기 위해, 에이미는 무리의 우두머리 수컷 실버백 베토벤의 허락을 받아야 했다.

4장

야간 등반

에이미는 크웰리와 그의 어미를 만난 것이 즐거웠다. 그러나 카리소케에 도착한 후 몇 주 동안 그녀는 다른 고릴라 가족인 그룹 5의 생활을 조사하기 시작했다. 그룹 5에 대한 연구는 아직 많이 이루어지지 않았다. 그녀는 매일 해가 뜨기 전에 일어나 기본 유니폼을 입었다. 터틀넥의 묵직한 플란넬 셔츠, 헐렁한 면바지와 그에 맞춘 모직 스웨터, 모직 양말과 군용 정글 부츠가 기본 유니폼이다. 오두막을 나서기 전에, 에이미는 땅콩버터를 바른 빵을 먹고 따뜻한 차를 꿀꺽꿀꺽 마셨다. 동이 트자마자 그녀는 고릴라의 흔적

베토벤은 이따금 에이미가 초대된 손님이 아니라는 것을 분명히 했다.

사냥꾼들은 영양을 잡으려고 볼케이노 국립공원의 동물들이 지나다니는 길에 불법으로 철사 덫을 놓았다. 가끔가다 그 덫에 마운틴고릴라가 걸리기도 했다.

을 뒤쫓았다.

르완다인 고릴라 수색자 르웰리카나Rwelekana가 주로 에이미를 도와 그룹 5를 찾아 나섰다. 정글 속을 조용히 돌아다니면서, 그와 에이미는 고릴라 흔적들을 발견하고는 조곤조곤 이야기를 나눴다. 르웰리카나는 가끔씩 멈추어 길가의 젖은 덤불 속에서 철사로 만든 덫을 빼냈다. 비슷한 덫 때문에 카리소케 주위의 숲에서 여러 고릴라가 심하게 다쳤다. 이 덫을 놓는 사냥꾼들은 유인원에게 해를 끼칠 생각은 아니었고, 단지 그들은 숲 속의 영양을 잡으려고 했을 뿐이었다. 르완다에서 고릴라를 식용으로 사냥하는 일은 거의 없었다. 르완다에서 고릴라 고기 또는 다른 영장류

고기를 먹는 것은 금기시되거나 사회적으로 용납할 수 없는 일이었다.

에이미는 사냥꾼들이 가족을 먹여 살리려고 수렵 채집을 하고 있다는 것을 알았다. 하지만 국립공원 안에서는 사냥을 해서는 안 됐다. 고릴라와 다른 동물들을 보호하기 위해, 르웰리카나와 에이미는 덫을 발견할 때마다 그것을 배낭에 집어넣었다.

잃어버린 유인원

그들의 노력에도 불구하고 얼마 지나지 않아 에이미는 사냥꾼의 덫에 희생된 마운틴고릴라 한 마리를 발견했다. 1978년 3월 초, 밀렵꾼이 어린 암컷 고릴라를 르완다 밖으로 밀반입하려는 것을 이웃 자이레의 공원 관리인들이 붙잡았다. 빌은 르완다 국립공원의 한 관리자에게서 이 사실을 전해 들었다. 밀렵꾼들은 고릴라를 실수로 잡았다는 영양 사냥꾼한테서 이 고릴라를 샀고, 이국적인 애완동물 수집가에게 팔아 이득을 취하려고 했다.

콩고인 공원 관리자들은 상처 입은 고릴라를 어떻게 해야 할지 몰랐다. 그들은 에이미와 빌이 다이앤 포시와 함께 도착할 때까지 몇 주 동안 공원 본부의 어둡고 냄새나는 창고에 고릴라를 가둬놓았다. 경비원들이 창고 문을 열어 긴 막대기로 겁에 질린 고

에이미가 어린 암컷 고릴라 무웨자를 안고 있다. 그녀와 빌은 1978년 3월에 밀렵꾼들로부터 압수한 무웨자를 간호했다.

릴라를 찌르자 고릴라가 절뚝거리면서 햇빛 쪽으로 나왔다.

자신이 싼 물똥이 털에 줄줄 묻어 있는 불쌍한 어린 유인원을 보고 에이미는 토할 것 같았다. 다이앤과 빌이 고릴라를 카리소케로 수송하는 절차를 진행하는 동안, 에이미는 동물과 같이 있어주는 게 최선이라고 결정했다.

“이 아이를 더 깨끗한 방으로 옮겨주세요.” 에이미는 공원 경비원들에게 말했다. 경비원들은 이 말을 제대로 이해하지 못하는 것 같았다. ‘왜 고릴라를 더 깨끗한 곳으로 옮겨야 하지?’ 그러나 그들은 고릴라를 다른 창고로 옮겨주었다.

고릴라를 달래서 새로운 방으로 들어가게 한 후, 에이미는 문을 닫고 바닥에 무릎을 꿇었다. 그녀는 이 동물이 당한 학대를 생각했고, 목 깊숙한 곳에서 소리를 냄으로써 고릴라가 편하게 쉴 수 있도록 시도해보았다. “흐그으음, 마가아아.” 고릴라들은 서로 만날 때 그렇게 으르렁거리는 소리를 만들어낸다. 익숙한 소리를 듣자, 고릴라는 에이미의 무릎 위로 올라탔다.

에이미는 깜짝 놀라, 겁에 질린 동물을 꼭 껴안으며 눈물을 흘렸다.

무웨자를 집으로 데려오기

무릎에 고릴라를 앉혀보니, 에이미는 고릴라가 얼마나 말랐는지 알았다. 고릴라의 몸 길이로 보건대, 고릴라의 나이는 네 살 정도로 보였는데, 몸무게는 두 살 정도밖에 되지 않았다. 공포에 질린 고릴라는 잘 먹지도 못했을 것이다. 공원 관리인들은 더러운 물에 분유를 타서 먹였고, 그 때문에 고릴라는 설사에 시달렸다.

고릴라의 왼쪽 발목은 감염으로 부어 있었고, 발목에 철사 덫의 일부가 튀어나와 있었다.

에이미는 어린 유인원이 살 수 있을지 몰랐지만, 살릴 수 있는 가능성을 높이고 싶었다. 마운틴고릴라 무리가 또 하나의 일원, 특히 언젠가 새끼를 가질 수도 있는 암컷을 잃을 수는 없었다. 어린이 책 『불가능한 일을 해낸 꼬마 기관차*The Little Engine That Could*』의 캐릭터를 생각하면서, 에이미는 고릴라 이름을 무웨자Mweza라고 지었다. 책에서 꼬마 기관차는 "나는 할 수 있어, 나는 할 수 있어."라고 말하며 가파른 언덕을 힘겹게 오른다. 무웨자는 스와힐리어로 '할 수 있다'라는 뜻이다. "나는 무웨자가 모든 역경을 딛고 살아남기를 바랐어요."라고 에이미는 말했다.

이 고릴라의 발은 철사 덫으로 영구적인 상처를 입었다. 간혹 이런 상처 때문에 동물은 평생 불구가 되기도 한다.

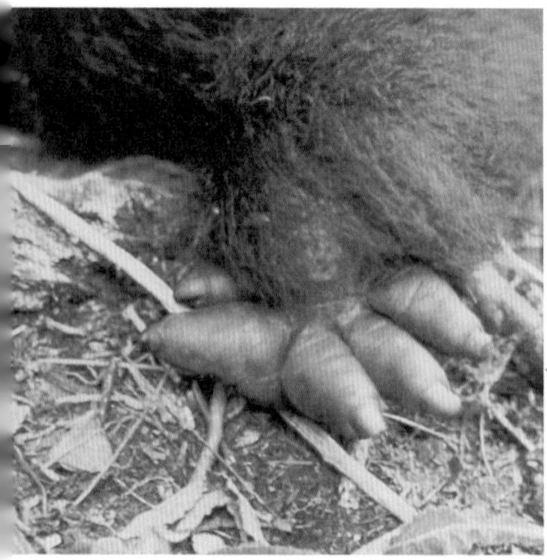

다이앤과 빌이 상처 입은 고릴라를 그들의 보호 아래 르완다로 옮길 수 있도록 당국을 설득하는 동안, 에이미는 밤낮으로 무웨자와 함께 지냈다. 오후가 되면 그녀는 무웨자를 공원 부지 주변으로 데려가 산책을 시켰고 무웨자가 먹었던 야생 식물들을 다시 맛보게 했다. 밤에는 지푸라기 매트리스 위에서 웅크리고 잠으로써 에이미와 무웨자는 온

높이가 약 4400미터이고, 구름에 휩싸인 미케노산은 에이미와 빌이 무웨자를 안전한 곳으로 옮기는 것을 막지 못했다.

기를 유지했다. 이틀이 꼬박 지난 후에야, 자이레 대통령 모부투는 무웨자의 르완다 이송에 동의했다. 단, 고릴라가 회복되면 야생으로 내보낼 것을 약속해야 했다. 그러지 않으면 무웨자는 콩고로 반환될 처지였다. 다이앤은 그렇게 하겠다고 약속했다.

서류를 갖추지 않은 고릴라를 데리고 르완다 국경을 넘는 것은 까다로운 일이었다. 다이앤은 결단을 내렸다. 다이앤이 공원으로 운전해 돌아가는 동안, 에이미와 빌이 화산을 넘어 무웨자를 데리고 가는 게 가장 좋은 이송 방법이었다. 아프리카 어린이를 강

보에 싸서 둘러업듯이 무웨자를 등에 짊어지고, 부부는 열여섯 시간짜리 등반을 시작했다.

에이미와 빌이 카리소케로 돌아가는 길을 잘 찾을 수 있게, 공원 관리자들은 무장 경비원 여덟 명을 딸려 보냈다. 정오의 안개 속을 걸으며, 부부는 미케노Mikeno산을 넘어갈 때 무웨자를 번갈아 업었다. 거대한 대나무, 깊은 협곡이 포대기 때문에 어깨가 아픈 것도 잊게 해주었다. 에이미와 빌은 거대한 하게니아 나무 아래서 캠핑하고 싶었다. 그러나 무웨자가 추위에 살아남지 못할 것 같아 길을 재촉했다.

밤중에도 멈추지 않는 강행군에 화가 난 경비원들은 에이미와 빌을 다이앤의 캠프로 이끄는 내내 투덜댔다. 어둠이 숲을 서서히 덮었고, 안내원들은 길을 잃었다고 우겼다. 아마 반감 때문에 그랬을 것이다. 지친 일행은 축축하고 무성한 덤불을 비틀거리며 지나갔다. 마침내, 자정이 되기 직전에 에이미와 빌은 멀리서 다이앤의 오두막집 불빛을 보았다.

셋을 위한 오두막

며칠 동안, 에이미, 빌, 무웨자는 새로운 일상에 적응했다. 보통 때 같았으면 부부는 야생 고릴라와 인연 맺는 것을 망설였을 것이다. 그러나 무웨자는 아팠고, 그래서 그들은 번갈아가며 무웨자와 같이 바닥에서 잤다. 가까이에 머물면서, 그들은 무웨자의 상태를 살폈다. 또한 그들은 자신들의 존재가 무웨자의 불안을 덜어주기를 바랐다.

허약한 고릴라에게 야생 셀러리와 블랙베리 같은 자연의 먹이를 다시 맛보게 해주었고, 이것들은 곧 무웨자가 좋아하는 음식이 되었다. 그녀는 상처 난 발목에 생긴 감염 통증이 빨리 나을 수 있게 무웨자에게 액상 항생제도 먹였다.

무웨자는 보살핌을 받고 있었다. 에이미는 아픈 동물을 돌보았던 경험이 있었다. 뉴욕 북부의 집에서, 에이미는 누군가 도와달라며 아버지에게 데려온 병든 강아지를 구한 적이 있었다. 가족 중 누구도 강아지가 살아날 것이라고 생각하지 않았지만, 에이미는 안약통을 이용해 강아지에게 먹이를 먹였고, 강아지의 건강을 되찾게 했다. 그녀는 그때와 똑같은 마법이 지금 무웨자에게 일어나기를 간절히 빌었다.

아니나 다를까 무웨자는 기력을 되찾기 시작했다. 무웨자는 에이미의 생일날, 블랙베리를 혼자 다 먹어서 에이미를 놀라게 했다. 무웨자는 실내에서 제멋대로 날뛰었다. 하루는 책상에 기어올라가 종이와 책들을 바닥으로 내던져 엉망진창을 만들었지만, 에이미는 웃기만 했다. 그 행동은 무웨자가 점점 강해지고 있다는 확실한 징후였다.

위기를 맞은 무웨자

무웨자는 여전히 다친 발목을 치료할 필요가 있었다. 근처 병원의 프랑스인 의사가 다이앤과 카리소케의 직원들에게 아픈 고릴라를 치료해주겠다고 했지만, 다이앤이 거절했다. 다이앤은 그 병원의 다른 의사와 짧게 연애했다가 안 좋게 헤어졌고, 자존심 때문에 병원 직원들에게 그 어떤 도움도 요청하지 않았다. 도와달라는 부탁은커녕 그녀는 이렇게 다짐했다. "나는 그 병원에 고릴라 한 마리도 데려가지 않을 거야."

철사 덫이 여전히 발목에 붙어 있어서, 무웨자의 병세는 다시 악화되기 시작했다. 그러다 갑자기 무웨자의 상태가 최악으로 치달아 어느 늦은 밤 무웨자는 숨을 거뒀다.

오두막 바닥에 무릎을 꿇고 에이미와 빌은 어린 유인원을 다시 살리려고 미친 듯이 심폐소생술(CPR)을 시도했다. 에이미는 무웨자의 가슴을 꾹 눌렀다. 빌은 무웨자의 입에 숨을 불어넣었다. 마침내, 무웨자는 스스로 다시 숨쉬기 시작했다.

그러나 오래 가지는 않았다. 에이미와 빌은 다시 영장류 심폐소생술을 실시했다. 무웨자가 두 번째로 소생했을 때, 자기 곁을 맴도는 두 사람을 보고 놀랐던 게 틀림없다. 왜냐하면 무웨자가 빌의 아랫입술을 물었기 때문이다. 빌의 입술은 온전했지만 피가 났다. 무웨자가 숨을 한 번 더 멈췄을 때, 빌은 현명하게 입이 아닌 코로 숨을 불어넣었다. 그 방법이 더 효과가 좋았다.

에이미와 빌은 그날 밤 무웨자를 몇 번 더 살려냈다. 그런데 동이 트기 직전에 무웨자는 결국 깨어나지 못하고 숨을 거뒀다. 에이미와 빌의 오두막에 흐릿한 아침 햇살이 비칠 때였다. 고릴라 개체 수가 하나 더 줄었다.

마운틴고릴라의 멸종을 막겠다는 에이미와 빌의 의지는

그 어느 때보다도 강해졌다.

주변 상황이 더 가혹해졌지만, 에이미는 연구에 충실하게 임했고, 혼자서라도 직접 고릴라를 추적하겠다고 마음먹었다.

5장

유인원 에이미

에이미와 빌은 화가 났다. 카리소케에 인간 때문에 다친 고릴라를 치료할 의료 체계가 부족했기 때문이었다. 아픈 고릴라를 치료하겠다고 나선 의사에게 도움을 청하지 않은 다이앤 포시에게도 화가 났다. 무웨자를 숲에서 빼낸 사람들에게도 화가 났다.

마운틴고릴라의 멸종을 막겠다는 그들의 의지는 그 어느 때보다도 강해졌다. 그들은 두 가지 어려운 과제에 직면했다. 사냥꾼과 밀렵꾼으로부터 고릴라를 보호하는 것, 그리고 고릴라 무리가 생존할 수 있도록 숲 속의 먹이와 땅, 또는 서식지가 충분하도록 하는 것이었다.

에이미는 두 번째 과제에 노력을 집중했다. 그녀는 그룹 5가 먹

무웨자가 죽은 후, 에이미 베더는 현장 일에 열중함으로써 슬픔을 달랬다.

은 것과 먹은 장소를 모두 기록해놓아야 했다. 그런 정보를 축적해야 고릴라에게 어떤 모습의 서식지가 얼마나 많이 필요한지 알아낼 수 있을 것이다.

동시에 빌은 고릴라가 몇 마리 남았는지 찾아다니기 시작했다. 그는 화산을 오르내리면서 눈에 띄는 모든 고릴라의 개체 수를 셌다. 1978년 가을까지, 빌이 확인한 고릴라 수는 약 260마리였다. 개체 수는 안정적이었고 어린 동물들이 많았는데, 이는 고릴라의 미래에 좋은 신호였다.

잠 못 드는 밤

무웨자가 죽은 뒤 몇 주 동안 에이미는 종종 동 트기 전 불안감을 느끼면서 깨어났다. 빌은 멀리서 고릴라 개체 수를 조사하고 있었고, 그녀는 혼자 차가운 오두막에 있었다. 그러나 그 정도쯤이야 그녀가 아침에 그룹 5를 찾지 못하리라는 두려움에 비하면 아무것도 아니었다.

무웨자가 죽자, 다이앤 포시는 난데없이 무웨자의 죽음에 대한 책임을 물으며 에이미와 빌을 비난했다. 땔감 공급을 끊고 20리터 캔의 따뜻한 목욕물을 제공하는 것도 중단했다. 게다가 다이앤은 르웰리카나와 다른 카리소케 수색자들에게 에이미의 그룹 5 수색을 도와주지 말라고 지시했다. 해발 3000미터의 삶이 더 불편해졌다. 하지만 에이미와 빌은 직접 땔감을 자르고 찻주전자에 목욕물을 끓이면서 금세 적응해갔다.

주변 상황이 더 가혹해졌지만, 에이미는 연구에 충실하고 혼자서라도 직접 고릴라를 추적하겠다고 마음먹었다. 그녀는 매일 고릴라 가족을 찾아내야 했다. 고릴라들의 서식지가 되려면 어떤 조건을 갖춰야 하는지, 그에 대한 의미 있는 결론을 내리는 데 충분한 데이터를 얻기 위해서였다.

운 좋게도, 르웰리카나와 함께했던 몇 주 동안 그녀는 고릴라

고릴라를 수색하면서 하루를 보낸 에이미는 등불 옆에서 그날 현장에서 얻은 정보를 현장 노트에 기록했다.

고릴라 똥은 고릴라의 흔적을 쫓는 확실한 방법이다. 마른 똥은 동물이 오래전에 지나간 것을 의미하며 따뜻한 똥은 최근의 흔적을 의미한다.

수색에 관해 많은 것을 배웠다. 숲의 바닥을 뒤덮은 무성한 초목 때문에 발자국이 보이지는 않지만, 고릴라들은 그녀가 따를 수 있도록 자잘한 흔적들을 남겨놓았다.

예를 들어, 잎 아래쪽에 이슬이 맺혀 있으면 고릴라가 그날 아침에 지나가면서 뒤집어놓은 것이다. 그런 세부 단서 하나가 에이미를 곧장 고릴라들이 있는 곳으로 가게 하거나 몇 시간 동안 같은 자리에서 빙빙 돌게 하는 차이를 만들어내기도 했다.

고릴라의 배설물 역시 여러 가지 실마리를 제공했다. 똥이 말랐거나 똥 아래쪽에 벌레들이 기어다니면 발자취가 오래되었다는 뜻이었다. 에이미가 손등으로 느꼈을 때 따뜻한 똥은 고릴라가 가까이에 있다는 것을 의미했다. (나중에 무의식적으로 손가락을 입에 댈 수도 있으므로 에이미는 손등을 사용했다.)

고릴라의 이동 경로를 찾아 숲을 배회하면서, 에이미는 다른 연구자들이 했던 말을 떠올리지 않을 수 없었다. "고릴라가 먹는 걸 모두 다 기록할 수는 없을 겁니다. 고릴라는 당신이 하루 종일 같이 있도록 하지 않을 테니까요."

무리 속으로 들어가기

에이미는 새로운 장을 열어야 한다고 생각했다. 누구도 고릴라 가족을 일출에서 일몰까지 하루 종일 따라다닌 적은 없었다. 선행 연구는 모두 동물이 한낮의 휴식을 취할 때 이루어졌다.

일단 고릴라를 찾아내는 법을 터득하자, 에이미는 다른 사람들의 말이 옳다는 것을 알게 됐다. 이 털북숭이 유인원들은 인간이 매번 자기네 주위를 서성거리는 것을 정말로 좋아하지 않았다. 고릴라들은 종종 그녀가 환영받지 못한다는 것을 심한 기침 같은 목소리로 그녀에게 경고했다. 그룹 5의 180킬로그램이 넘게 나가

고릴라의 눈을 오래 응시하는 게 현명한 일이 아니지만, 에이미는 종종 고릴라가 흥미롭게 그녀를 쳐다보는 것을 발견했다.

는 실버백 베토벤이 두 번이나 에이미의 팔을 잡고 꽉 눌렀다. 마치 "이제 갈 시간이 됐어."라고 말하는 것처럼 말이다.

에이미는 베토벤의 경고를 심각하게 받아들였다. 그녀는 최선을 다해, 무리 중 하나인 것처럼 행동함으로써 자기 존재가 덜 거슬리게끔 무진 애를 썼다. 그녀는 등을 구부리고 팔을 가까이 끌어당겨 고릴라처럼 걸었다. 그녀는 의사소통도 고릴라처럼 했는데, 무리에 천천히 접근할 때는 고릴라와 비슷한 소리를 냈다.

그런 후 그녀는 근처에 웅크리고 앉아 고릴라들의 행동을 흉내내면서 어울리려고 노력했다. 고릴라들이 무언가를 먹고 있으면 에이미는 풀 한줌을 쥐고 턱으로 가져가 씹는 척했다.

에이미는 이렇게 고릴라인 척하면서, 이것들을 모두 작은 종잇조각에 기록했다. 아프리카로 떠나기 전 그녀는 허구한 날 폭우가 퍼붓는 르완다 강수기 때 쓰려고 방수 공책을 구입했다. 그러나 누군가 이 공책들을 넣어둔 트렁크를 공항에서 훔쳐갔다. 그

에이미는 조심스럽게 마운틴고릴라 세 마리의 활동을 기록한다. 그녀는 매일 한 고릴라에 집중해서 시간을 어떻게 보내는지, 무엇을 먹는지, 어느 고릴라와 같이 놀았는지 관찰한다.

래서 에이미는 종이 낱장들을 클립보드에 끼운 후 비닐 봉지로 씌워서 방수 공책들을 다시 만들어야 했다. 많은 날들이 너무 춥고 습해서 그녀는 어쩔 수 없이 가방 안에서 손가락을 움직여 연필로 써야 했다.

에이미는 고릴라의 움직임을 연구할 때 고릴라를 똑바로 쳐다보지 않도록 조심했다. 그녀가 너무 오래 쳐다보면 고릴라는 이를 위협이나 부담으로 받아들였다. 차츰차츰 그녀는 그룹 5의 열네 마리 구성원 각각을 몸 크기와 자세로 식별할 수 있게 되었다. 6주도 안 돼서 고릴라들 역시 점차 에이미를 익숙하게 여기는 것 같았다. 고릴라들은 점점 더 그녀의 존재를 받아들였다.

에이미는 꼬리표처럼 그룹 5를 따라다니다가, 그들이 대략 8제곱킬로미터의 행동 범위를 고수한다는 것을 알았다. 무성한 대나무 줄기, 띄엄띄엄 모여 있는 블랙베리, 흐르는 시냇물, 코끼리 등이 이 행동권 내에서 볼 수 있는 풍성하고 다양한 풍경의 일부였다.

에이미는 고릴라가 먹은 음식들을 기록하는 간단한 방법을 개발했다. 매일 약 다섯 시간 정도, 그녀는 무리 중 한 마리를 살펴보며, 이 '기준' 고릴라가 먹은 것을 전부 기록한다. 그녀는 그 고릴라가 먹은 음식의 양, 각 음식을 먹는 데 걸린 시간, 가까이 있었는데도 먹지 않은 음식이 무엇이었는지 적었다. 언젠가 그녀가 관찰하던 고릴라가 다른 종류의 초목을 먹으며 돌아다니면, 에이

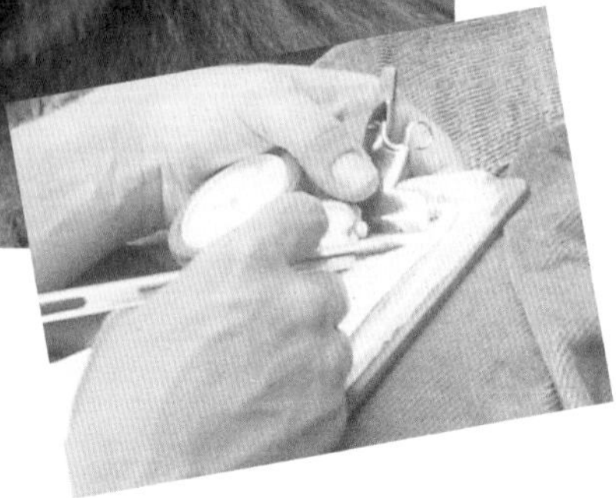

에이미는 때때로 한 고릴라가 하루 동안 먹는 음식, 예컨대 셀러리, 블랙베리, 대나무를 똑같은 양으로 모았다.

미는 더 선호된 음식물들을 같은 양만큼 골라서 봉투에 담았다. 하루가 끝나면 그녀는 봉투를 오두막으로 가져와서 내용물의 무게를 잤다. 그런 후 조심스럽게 그 초목들을 장작 난로 위에서 말려 음식에 들어 있는 영양분이 무엇인지 감정했다.

그러나 베토벤의 식사를 따라 모으던 어느 오후, 에이미는 빈손으로 집에 돌아왔다. 그녀가 다소곳하게 지켜보고 있는데 베토벤이 그녀에게 걸어와 가방을 빼앗아간 것이다! 에이미는 이 왕 같은 거대 생물체에 대들거나 가방을 다시 빼앗아오거나 하는 것은 엄두도 내지 못했다.

에이미는 지척에 앉아서 베토벤이 식물 데이터를 입에 털어 넣는 모습을 그저 의기소침하게 바라보기만 했다. 베토벤은 모든 것을 다 먹어치웠는데, 그녀는 베토벤이 그녀의 선택이 괜찮았다는 것을 인정하는 것 같아 기분이 좀 나아졌다. 베토벤은 가방을 떨어트리고 낮잠을 자기 위해 떠났다.

고릴라 놀이

에이미가 그룹 5에 속한 모든 고릴라의 개별적인 특성을 파악하는 데까지는 오래 걸리지 않았다. 두 실버백 베토벤과 이카로스, 암컷 우두머리 에피, 에피의 자손 퍽, 턱, 포피, 주름지고 나이 든 마르키저, 마르키저의 어린 아들 신다, 그보다 위인 딸 팬치, 용감한 손녀 무라하, 재롱둥이 작은 파블로와 나중에 아들을 버리는 파블로, 파블로의 어미 리자, 그리고 퀸스와 지즈라는 이름의 두 청소년 고릴라가 있었다.

에이미는 특히 그룹 5의 어린 구성원들을 지켜보는 것을 좋아했다. 그 녀석들은 호기심이 많았고 에너지가 충만했다. 나이 든 고릴라들이 늦은 오전 낮잠을 자려고 할 때, 어린 녀석들은 고릴라 태그 게임을 하듯 서로 원을 그리며 쫓아다녔다. 또는 골목대장 놀이를 하듯 서로 경쟁을 벌이며 쓰러진 나무 위로 올라가곤 했다. 종종 어린 고릴라들은 레슬링을 하고 스파링을 하면서 웃는 듯한 소리를 냈다.

그룹 5의 어린 녀석들은 에이미가 그들과 같이 놀도록 미끼를 놓으며 그녀를 유혹했다. 어느 날 아침에는 파블로가 나무 위에서 에이미의 등으로 떨어지며 시작했다. 약 30킬로그램 가까이 나가는 네 살짜리 고릴라를 무시할 수는 없었다. 에이미가 설사 무시하려고 해도, 이 장난꾼은 신나게 배낭을 잡고 에이미를 바닥으로 잡아당겼다.

에이미는 최선을 다해 파블로와 다른 어린 고릴라들과 놀고 싶은 유혹을 뿌리쳤다. 그녀가 상호작용을 해서 이 동물들의 고유한 행동이 바뀌는 것을 원하지 않았다. 그러나 가끔가다 그녀는 녀석들의 게임에 꼼짝없이 걸려들고 말았다. 하루는 두 어린 암컷 무라하와 포피가 넝쿨들을 잡아당기면서, 에이미 주위를 돌며 서로를 쫓기 시작했다. 두 녀석의 '연구자 주위를 빙빙 돌아라' 게임이 끝났을 때, 에이미는 넝쿨에 미라처럼 둘둘 말려 있었다. 그녀는 가지고 있던 주머니칼을 사용해 나무 넝쿨을 잘라내야 했다.

에이미의 옷과 가지고 다니는 물건들 또한 어린 고릴라들의 호기심을 끌었다. 녀석들은 그녀의 신발 끈을 풀거나 쌍안경과 배낭을 훔치는 것을 좋아했다. (다행히도 녀석들은 가방의 지퍼를 여는 방법을 알아내지는 못했다.) 하지만 에이미는 이 떠들썩한 고릴라들이 그녀의 물건들을 조심스럽게 다루는 것을 보면서 늘 놀랐

코 지문

고릴라 연구자들은 전에 본 적이 없는 녀석을 볼 때마다 '코 지문', 즉 고릴라의 코 위 피부에 깊이 주름 잡힌 선들의 패턴을 서둘러 스케치한다. 사람의 손가락 지문, 재규어의 점, 얼룩말의 줄무늬처럼, 각 고릴라의 코 지문은 개체마다 독특하다.

카리소케 현장 연구소는 코 지문 스케치 모음을 파일로 가지고 있었다. 연구자들은 이것을 가지고 장기 연구 그룹에 속하지 않았던 동물들을 식별해내고 관찰하는 데 사용했다.

다. 녀석들은 그녀의 쌍안경이 마치 정교한 도자기나 되는 것처럼 서로 주고받았다. 여섯 살짜리 고릴라 턱은 특히 에이미의 팔에 있는 주근깨에 관심을 보였다. 턱은 손톱으로 주근깨를 뽑아내려고 하거나 입술로 빨아들이려고 했다.

세상의 꼭대기에서 보낸 일상

에이미는 그룹 5 가족에 점점 익숙해져갔다. 몇 달 안에, 고릴라들 역시 그녀에게 완전히 익숙해졌다. 에이미는 거의 매일 그룹 5와 함께 보냈다. 가끔 연구에서 벗어나 휴식을 취하는 날이면, 그녀는 현장 노트를 다시 복습하거나, 수도 키갈리로 달려가 자신의 3개월짜리 여행 비자(그녀가 르완다에 머무는 것을 허가하는 서류)를 갱신하곤 했다.

에이미는 가끔가다 그곳에서 미국으로 전화를 걸었다. 그러나 전화 통화를 하려면 밤새 기다려야 했고, 고릴라들과 함께하는 현장에서 이틀 정도 빠져야 했다. 미국에 전화를 걸려면 먼저 르완다의 현지 교환원과 통화를 해야 했고, 이 교환원은 전화를 벨기에의 다른 교환원에게 연결했다(르완다는 벨기에의 식민지였다). 그러면 대개 10시간 정도 후에, 전화가 미국에 연결되었을 때 벨기에인 교환원은 르완다로 다시 전화를 연결시켜주었다.

르완다 전화 시스템은 요금이 비싸고 번거로워서, 에이미는 가족과 주로 편지로 연락을 주고받았다. 일주일에 두 번 보급품을 가지고 카리소케로 오는 짐꾼들이 편지를 수거하고 전달했다.

고립된 생활 탓인지 에이미와 빌의 유대감은 더 강해졌다. 빌이 고릴라의 개체 수를 다 센 다음 오랜만에 집으로 돌아온 밤이면, 그녀는 그룹 5의 어린 고릴라들이 최근에 장난친 일 등을 그에게 이야기해주면서 저녁 요리를 함께했다.

에이미는 그룹 5의 식습관을 관찰하는 데 2000시간 이상을 보냈다. 날씨는 주로 습하고 추웠지만 그만한 가치가 충분히 있었다.

두 사람의 저녁은 몇 시간씩 이어졌다. 에이미는 야외에 있을 때 가끔씩 고릴라와 같이 먹는 셀러리를 제외하고는 점심을 먹지 않았다. 그래서 해질녘에 오두막으로 돌아올 때쯤이면 늘 굶주리고 추위에 얼어붙은 상태였다. 저녁은 주로 따뜻한 차 한 잔으로 시작됐고, 뜨거운 기름에 볶은 양념 땅콩으로 이어졌다. 이어서, 에이미는 미리 생각해둔 요리 중 한 가지를 식사로 만들었다. 양파를 곁들인 토마토소스 스파게티, 쌀과 콩, 고추, 달걀, 야채 스튜, 또는 빌이 가장 좋아하는 루벤 샌드위치를 흉내 낸 것이 그녀가 할 수 있는 요리였다. 루벤은 녹인 치즈와 집에서 만든 사우어크라우트 sauerkraut(소금에 절인 양배추)가 들어가는데, 에이미는 유리병에 양배추 잎과 소금을 넣어 대체품을 만들어놓았다. 빠진 것은 전통 콘비프(소금에 절인 쇠고기)와 러시안 드레싱뿐이었다.

단지 무리 중의 하나가 되기

어느 날 밤, 숲이 어두워질 때쯤 에이미는 간신히 집에 도착했다. 비룽가에서 해가 진 뒤에 밖에 있는 것은 결코 좋지 않았다. 그때는 아프리카에서 가장 위험한 동물인 케이프 버펄로가 활동할 때였다. 우연히 케이프 버펄로와 마주쳤다가 다치지 않고 돌아온 사람은 거의 없었다.

에이미가 일부러 늦은 것은 아니었다. 그녀는 베토벤과 실랑이를 벌이다가 다쳤다. 에피가 조용히 블랙베리를 먹고 있는 것을 발견한 베토벤은 자기도 블랙베리를 먹으려고 했다. 베토벤은 에피 쪽으로 돌진했는데, 이때 에이미는 베토벤에 밀려 균형을 잃으면서 넘어졌다. 에이미는 바닥에 쓰러지면서 나무뿌리에 발목을 삐고 말았다. 고통이 다리에 퍼졌다.

이미 평소보다 오래 머물렀다. 어두워지기 전에 캠프에 도착할 수 있으려나. 에이미는 정신을 가다듬어, 칼을 이용해 나뭇가지로 지팡이를 만들었고, 캠프 쪽으로 절뚝거리며 걷기 시작했다. 길은 돌이 많고 비탈졌으며, 에이미는 험한 곳을 비틀거리며 지났다. 마침내, 그녀는 빛이 수색팀을 내보내기 몇 분 전에 도착했다.

에이미는 다리를 다친 게 베토벤 탓이라고 생각하지 않았다. 베토벤은 본능에 따른 행동을 했을 뿐이다. 드디어 그녀는 자신이 베토벤 종족의 한 구성원이라고 느끼기 시작했다. 정식으로

'포함된' 적도 있었다.

하루는 고릴라 가족이 낮잠을 자는 오전 시간에, 무리는 평소에 하듯이 큰대자로 바닥에 누워, 데이지 꽃 화환처럼 연결된 대형을 이루며 서로를 만지고 있었다. 에이미는 근처에 앉아 있었는데, 이때 어린 지즈가 굴러와서 그녀를 쳐다본 후 자기 손을 그녀 팔에 올려놓으며 데이지 화환 대형에 끼워주었다.

그들 무리의 일원이 되기 위해 너무나도 열심히 일했던 이 야생 생물학자에게는 특별한 선물이었다.

그룹 5의 암컷 고릴라들이 그렇듯, 에이미도 항상 베토벤에게 신경을 썼다. 그녀는 거의 180킬로그램짜리 실버백에게 필요로 하는 만큼의 충분한 공간을 주었다.

고릴라 과학

모든 과학 연구는 관찰이나 실험으로 검증해볼 수 있는 가설로 시작한다. 논문 자료들을 읽고 대학원 교수들과 아이디어를 논의한 후, 에이미는 르완다에서 고릴라를 연구하는 동안 몇 가지 가설을 검증해보기로 결심했다. 그중 하나는 고릴라가 다양한 음식이 있는 곳에서 먹을 때 시간이 더 걸린다는 가설이었다. 선택할 수 있는 음식이 많으면 유인원이 건강을 유지하는 데 필요한 영양분(단백질, 탄수화물, 비타민, 미네랄)을 얻을 수 있다고 에이미는 추론했다. 에이미가 세운 가설은 과학적인 가치 외에도 보호의 측면도 있다. 만약 그녀가 먹을 게 풍부해서 고릴라들이 가장 자주 방문하는 장소를 알아낸다면, 그녀는 그 장소가 소 방목장 같은 다른 용도로 사용되지 않게 해달라고 주장했을 것이다.

자신의 가설을 검증하기 위해, 에이미는 카리소케 현장 연구소에서 살았던 18개월 동안 그룹 5를 밀착 추적했다. 그녀가 가진 도구라고는 나침반, 고도계, 해당 지역의 특징을 상세히 보여주는 등고선 지형도 정도였다. 이런 도구들을 이용해, 에이미는 새벽부터 해질녘까지 그룹 5가 돌아다니는 것을 기록했다. 에이미는 고릴라 뒤를 따라다니면서, 이 동물들이 얼마나 멀리, 어느 방향으로 걸었는지 매일 기록했다. 그녀는 또한 고릴라 무리가 한 서식지에서 다른 곳으로 이동할 때 지나가는 각 서식지의 세부 특징에도 주목했다.

장시간의 현장 작업을 마치면, 에이미는 오두막에 돌아와서 현장 노트를 커다란 데이터 용지에 옮겨 적었다. 그다음에, 비소케 내에서 그룹 5의 행동 범위를 격자무늬 용지(좌표)에 약도로 스케치해두었다. 그룹 5가 어느 한 지역을 방문할 때마다, 에이미는 좌표에 사선으로 표시했다. 하나 이상의 사선, 즉 x 모양 또는 * 모양으로 칠해진 곳은 고릴라 무리가 여러 번 방문한 장소라는 의미였다.

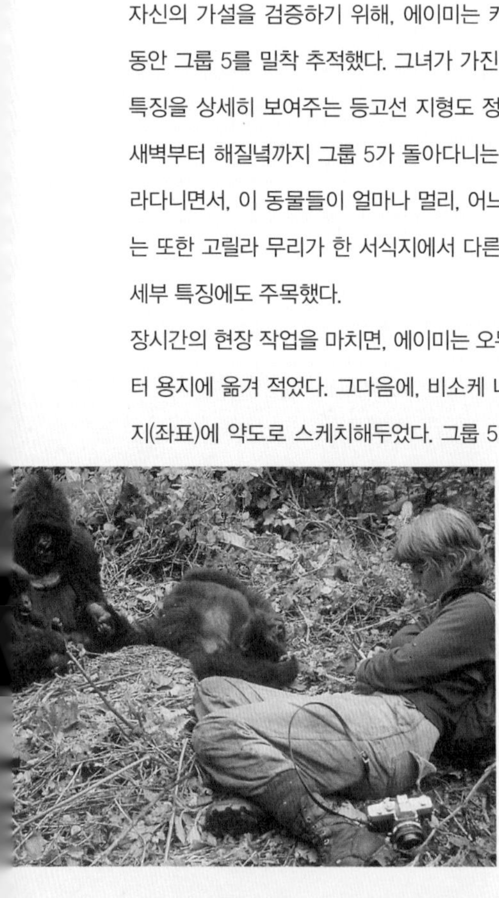

좌표의 각 지역 내 먹이 종류를 조사

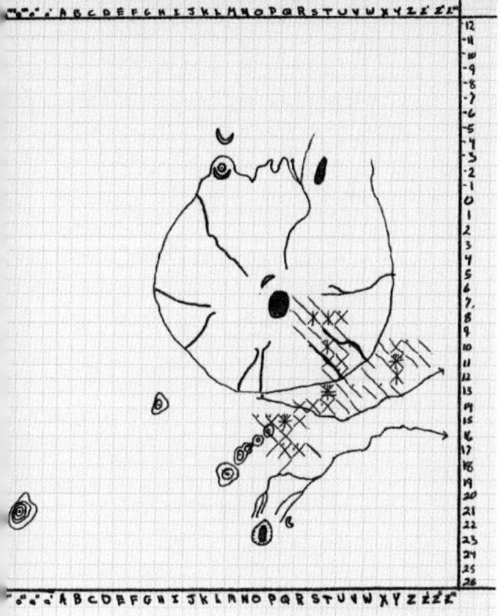

하기 위해, 에이미는 임의로 선정한 지역에서 식물 표본을 채집했다. 그녀는 식물 먹을 거리의 양과 질에 모두 주목했다.

위스콘신 대학교로 돌아갔을 때, 에이미는 특별한 기계를 사용해 현장 데이터를 펀치 카드에 옮겼다. 그런 후 그녀는 카드들을 1978년에 통계 데이터를 읽고 분류하던 기계 '컴퓨터'에 넣어, 통계 데이터를 읽어 들여 분류하게 했다. 몇 시간의 처리 과정이 지나자, 컴퓨터는 인쇄된 보고서를 시끄럽게 뱉어냈다.

에이미의 데이터 분석은 그녀의 가설을 다음과 같이 확인해주었다. 고릴라는 음식물을 다양하게 보유한 지역을 선호했다. 볼케이노 국립공원에서 두 지역이 고릴라의 생존에 결정적이었다. 게다가 고릴라들은 단백질의 주요 원천이 되는, 대나무가 풍부한 지역을 찾아다녔다.

에이미는 데이터 수집, 분석, 결론을 거듭해서 확인한 후, 그 결과를 도표와 지도가 포함된 과학 논문으로 써냈다. 그녀는 논문을 권위 있는 과학 저널 〈미국 영장류 저널 *The American Journal of Primatology*〉 지에 보냈고, 게재 승인을 기다렸다. 그녀가 발견한 성과가 특집 기사(아래)로 게재된다고 했을 때, 에이미는 뛸 듯이 기뻤다. 더 좋은 것은, 그녀의 연구가 마운틴고릴라들의 생존에 필수적인 서식지들을 알아내는 데 도움이 되었다는 점이었다. 에이미가 빌과 마운틴고릴라 프로젝트를 공동으로 발족했을 때, 해당 지역은 소 방목지 전환 후보군에서 제외됐다.

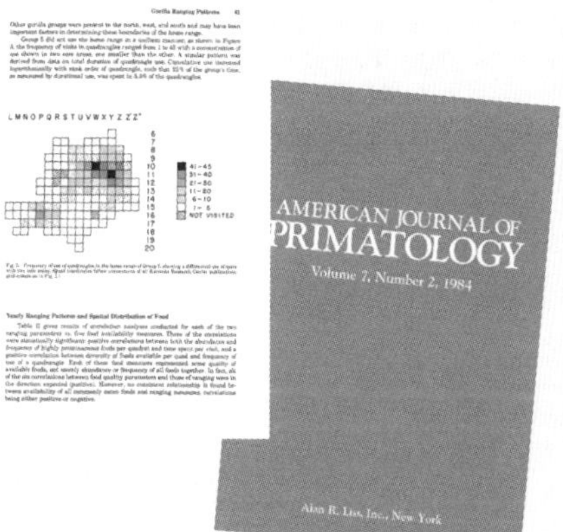

그룹 4로 불리는 엉클 버트의 가족은

이미 실버백 디짓을 잃었다.

이제는 우두머리가 죽었다.

엉클 버트는 위엄 있는 실버백으로서 잔인한 살해 사건이 일어나기 전에는 그룹 4의 우두머리였다.

6장

습격당하다

빌, 엉클 버트가 죽었어요. 다른 고릴라들은 어디에 있는지, 어딘가에 있더라도 살아 있는지 모르겠어요. 제발 최대한 빨리 캠프로 돌아와줘요.

– 1978년 7월 24일, 다이앤

빌은 짐꾼이 전한 메모를 읽고 멍해졌다. 그는 오후 '개체 수 조사' 작업을 막 끝마친 뒤, 비소케산의 북동쪽 측면에 있었다. 다이앤의 캠프까지는 걸어서 세 시간 이상 걸리는 곳이었다.

빌은 그날 밤 늦게 카리소케에 도착했다. 언덕이 많은 지형을 최대한 빨리 달려오느라 지쳤고 땀에 흠뻑 젖어 있었다. 에이미는 다이앤의 오두막집 앞에서 빌과 만났다. 그들은 슬픔에 젖어

대나무 숲과 나머지 고릴라 서식지를 보호하는 것이 에이미와 빌의 임무가 되었다.

말없이 서로 껴안았다. 그러고 나서 안으로 들어가 무슨 일이 일어났는지 이야기를 나눴다.

그날 아침 8시경, 카리소케 연구원들은 숲 바닥에서 머리가 없는 털과 살 더미를 발견했다. 엉클 버트Uncle Bert의 시신은 여전히 따뜻해서 밀렵꾼들이 그리 멀리 가지는 못했을 것 같았다. 아마도 연구원들이 가까이 오는 걸 눈치채고 달아났을 것이다.

그룹 4로 불리는 엉클 버트의 가족은 이미 실버백 디짓을 잃었다. 이제는 우두머리가 죽었다.

무리에 속한 열두 마리 고릴라 중 그 어떤 수컷도, 만약 살아 있다고 하더라도 그곳을 장악할 만큼 나이가 들지 않았다. 엉클 버트의 사체를 발견한 후, 카리소케 연구원 중 한 사람은 그룹 4의 흔적을 찾아 비소케산의 비탈을 올랐다. 그는 많은 고릴라가 휴식을 취하고 있는 것을 발견했고 그렇게 잔인한 습격이 있었는데도 고릴라들이 무척 평화로워 보인다는 것에 놀랐다. 하지만 해 질 녘까지 나머지 모든 고릴라의 위치를 알아내지는 못했다.

에이미와 다른 카리소케 연구원들은 현장에서 하루 종일 일하고 돌아온 후에야 엉클 버트의 살해 소식을 들었다. 자정이 되자 그녀는 무력하고 기진맥진한 상태가 되었다. 아침까지는 할 수 있는 일이 아무것도 없다는 결론을 내리고, 에이미와 빌은 오두막으로 돌아와 몇 시간이나마 짧게 잠을 청했다. 새벽이 되자 다이앤은 수색팀을 구성했다. 수색팀은 엉클 버트 가족의 나머지 구성원을 찾기 위해 숲으로 떠났다.

전날 엉클 버트의 사체가 놓여 있던 장소를 청소하는 것부터 임무는 시작됐다. 납작해진 초목들이 그 주위를 둘러싸고 있었다. 여러 흔적이 곳곳에서 발견되었다. 하나는 밀렵꾼 흔적이고 다른 하나는 고릴라 흔적이었다. 세 번째 것은 어떤 다른 유인원의 흔적인 것 같았다. 빌은 혼자가 된 고릴라의 흔적을 쫓다가 두꺼운 초목 덤불에 얼굴을 처박고 큰대자로 엎어져 있는 거무스름한 덩어리를 우연히 발견했다.

그 고릴라는 등에 한 발의 총상을 입었다. 다른 사람의 도움을 받아 그 고릴라를 똑바로 눕혔다. 크웰리의 어미 마초Macho였다. 수개월 전에 마초는 두 살짜리 크웰리가 에이미 주위를 맴돌면서 그녀의 바짓단을 만지는 것을 바라보곤 했다. 이제 마초는 죽었다. 그렇다면 크웰리는 어디에 있을까?

하루가 끝날 때쯤 에이미는 그 질문의 답을 얻었다. 그녀는 르완다 국경을 따라가다가 콩고로 들어가는 그룹 4의 경로를 추적했다. 그리고 그곳에서 그룹 4 고릴라들, 특히 크웰리를 발견하고는 안도했다. 그녀는 밀렵꾼들이 이국적인 동물을 모으는 애완동물 수집가에게 팔아넘기려고 크웰리를 잡아갔을지도 모른다고 걱정하고 있던 터였다. 하지만 그녀는 곧 크웰리의 몸이 정상이 아니라는 것을 알아챘다. 크웰리는 한쪽 몸을 쓸 수 없는 상태였다. 나이 많은 한 고릴라가 크웰리의 왼쪽 어깨에 있는 총상을 만지작거리고 있었다. 에이미는 크웰리의 상처를 치료해주고 싶었지만 카리소케에는 그 녀석을 붙잡을 만한 도구가 없었다.

캠프로 돌아온 후, 에이미가 맡은 일은 엉클 버트의 사체에서 탄알을 빼내서 죽인 사람이 누구인지 알아낼 증거를 찾는 일이었다. 그녀는 대학 생물학 실습 시간 이후로 동물을 해부해본 적이 없었고, 엉클 버트의 머리 없는 사체를 해부할 때 어디서부터 시작해야 할지도 몰랐다. 엎친 데 덮친 격으로, 유일한 외과 해부용 기구는 마체테 칼과 포켓용 칼뿐이었다.

빌이 발견한, 크웰리의 어미 마초는 덤불 속에서 얼굴을 처박고 엎어져 있었다. 마초는 밀렵꾼이 등 뒤에서 쏜 총탄에 맞아 죽었다.

이미 머리가 잘린 사체라도, 에이미는 엉클 버트의 신체를 훼손하는 듯한 느낌을 지울 수 없었다. 그녀는 칼로 엉클 버트의 딱딱한 피부를 톱질하듯이 잘라내서 가슴속 빈 공간을 뒤져보았지만 한 조각의 금속도 발견하지 못했다. 탄알은 엉클 버트의 몸을 뚫고 지나가 버렸던 것이다.

밀렵꾼들의 공격으로 인한 직접적인 피해는 고릴라 한 마리 '부상'과 고릴라 두 마리 '사망'이었다. 하지만 몇 주 후엔 다이앤 포시가 10년 이상 연구해왔던 고릴라 무리의 사상자 수는 다섯 마리로 더 늘어났다. 가족의 지배권을 차지하려고 싸우던 실버백들이 젖먹이 두 마리를 죽였고, 크웰리도 상처 때문에 죽었다.

다이앤은 절망으로 피폐해져서 말을 내뱉었다. "그 녀석들은 모두 죽을 거야."

안전을 위해서

1978년, 가을이 깊어갈 때였다. 에이미와 빌의 연구가 다른 사실들을 알려주기 시작했다. 빌이 조사한 고릴라 개체 수에 따르면, 마운틴고릴라는 대략 5년 전과 동일한 약 260마리였다. 에이미의 연구는 고릴라가 여전히 수많은 서식지를 이리저리 배회하고 있다는 점을 알려주었다. 그녀와 빌이 불법 밀렵을 방지하고 고릴라 서식지를 보호하는 방법을 생각해낼 수 있다면 르완다의 마운틴고릴라들은 잘 살아남을 수 있을지도 모른다.

서식지를 지키는 건 힘든 일일 것이다. 르완다의 인구 수가 빠르게 증가함에 따라 정부는 볼케이노 국립공원의 3분의 1에 해당하는 50제곱킬로미터를 소 방목지로 바꾼다는 계획을 발표했다. 르완다의 경제는 매우 열악한 상태였다.

추산에 따르면 소 방목지 프로젝트는 연간 7만 달러의 새로운 수익을 가져올 예정이었다. 이는 르완다 기준으로 상당히 많은 액수였다.

하지만 그러한 조치는 고릴라의 주요 먹잇감인 대나무 구역을 감소시키고 공원을 조각조각 나누는 꼴이 될 것이다. 1958년 이후, 공원의 3분의 1 이상이 이미 농업용으로 개간되었다. 만일 여기에 3분의 1이 더 사라진다면 고릴라 역시 함께 사라지게 될 것이다.

고릴라로 가득한 공원이 새로 만들 소 방목지보다 더 가치 있다고 정부를 설득하는 것은 어려운 일일 것이다. 공원의 연간 입장료 수입이 총 7000달러인데, 이는 소 방목지가 보장하는 수입의 10분의 1에 불과했기 때문이다. 에이미와 빌은 고릴라 서식지를 보호할 수 있는 방법을 찾기 위해 필사적이었다.

보존을 위한 다른 접근

빌 웨버도 그의 아내 에이미와 마찬가지로 항상 자연을 즐겼다. 하지만 빌은 평화봉사단에 있는 동안 아프리카의 야생생물이 위협받는 것을 목격하고 나서야 비로소 야생동물 보존을 직업으로 삼겠다고 다짐했다.

빌은 생물학을 전공하지는 않았지만, 심리학과 정치학을 공부하면서 여러 사람들과 함께 일하는 법을 알고 있었다. 이는 환경 보존 분야의 직업에서는 아주 유용한 특성이었다. 자이레에서 청소년을 대상으로 영어와 지리학을 가르쳤던 경험도 유익하게 작용했다. "우리는 사람들에 대해 잘 알아야 사람들의 견해를 받아들일 수 있고, 야생동물이 곤경을 겪는 까닭을 좀 더 잘 이해할 수 있을 것"이라고 빌은 말한다.

1975년 빌은 미국으로 돌아갔을 때 생물학을 강조하지 않고도 환경 보존 분야를 연구할 수 있는 대학원을 찾아 나섰다.

빌과 에이미는 4개월 동안 곳곳의 국립공원에서 캠핑을 하며 전국을 뒤졌다. 두 사람은 결국 매디슨에 있는 위스콘신 대학교를 다니기로 결정했는데, 이 학교는 존 뮤어 John Muir, 알도 레오폴드 Aldo Leopold, 조지 셸러 등 야생생물 보존 분야를 개척한 사람들의 모교였다.

빌과 에이미가 르완다로 떠날 당시, 빌은 위스콘신 대학교의 환경연구소에서 토지 자원 관리 분야의 박사 과정을 밟고 있었다. 에이미가 생태학 연구에 몰입함에 따라 빌은 르완다의 토지 이용 실태가 고릴라에게 어떤 영향을 끼치는지를 집중적으로 연구했다.

빌은 르완다에 도착한 지 몇 주 만에 마운틴고릴라의 개체 수 조사에 착수했다. 그에게는 답을 구해야 할 중요한 질문들이 있었다. 5년 전에 다른 연구자가 보고한 250~275마리의 고릴라 중에서 아직 몇 마리가 살아 있는가? 1960년대에는 개체 수가 450마리였는데 어째서 계속 급감하고 있는가?

1978년 가을, 조사를 끝마칠 즈음, 빌은 수많은 어린 고릴라를 포함해 대략 260마리가 비룽가 산맥에 살고 있다는 사실을 알아냈다. 이는 개체 수가 안정적이고 더 늘어날 만한 잠재력이 있다는 것을 의미했다. 하지만 빌과 에이미는 르완다 사람들에게 고릴라가 경작지만큼이나 귀중한 자원이라고 계속 설득해야 했다.

빌은 이 메시지를 르완다의 학생들에게 전파하기로 결정했다. 그들 중 많은 어린이가 성장하여 어느 날 정치인이나 정부 관리, 야생생물 관리인이 될 것이다. 빌은 르완다의 중등학교 29개 가운데 27개 학교를 방문했다. 학생들은 대개 자기 나라에 있는 마운틴고릴라를 보지 못했고 심지어 들어본 적도 없었다.

빌은 유인원 관련 영화를 보여주었고, 이 동물들이 위험에 처해 있다고 설명했다. 밀렵 사냥이나 산림 파괴로부터 보호해주지 않으면 고릴라는 영원히 사라질 것이라고 말해주었다. 많은 학생이 유인원의 안녕과 보호에 관심을 보였고 우려를 표현했다. 학생들은 자신이 살고 있는 작은 나라가 마운틴고릴라의 미래를 좌우할 열쇠를 쥐고 있다는 사실을 자랑스레 이야기했다. 그런 국가적 자부심은 빌과 에이미가 1979년 '마운틴고릴라 프로젝트'를 함께 발족했을 때, 마운틴고릴라 보호 캠페인의 핵심적인 부분이 되었다.

세 갈래의 보호 대책

1977년 2월에 디짓이 죽은 후 영국 식물상 및 동물상 보존협회British Flora and Fauna Preservation Society는 비룽가 산맥에서 고릴라 보존 비용을 모금하기 위해 마운틴고릴라 보존 기금Mountain Gorilla Preservation Fund을 설립했다. 개인 후원금이 대략 10만 달러나 모였다.

희미한 불빛이 비치는 오두막집에서 에이미와 빌은 만약 그 일이 자신들에게 맡겨진다면 마운틴고릴라를 돕기 위해 그 기금을 어떻게 사용할 것인지 이야기를 나누었다.

유인원의 미래를 위협하는 소 방목지 프로젝트에 맞서서, 에이미와 빌은 그들이 내놓을 수 있는 최선의 해결책은 다음의 세 가지 주요 특성을 포함한 '고릴라 보존 프로젝트'라고 결론지었다.

- 사냥꾼으로부터 고릴라를 보호하기 위한 밀렵 저지팀 구성
- 르완다 사람들이 자국의 야생동물과 천연 자원의 가치를 배우도록 지원하는 교육
- 일자리 창출과 외화를 벌어들이기 위해 잘 기획된 고릴라 관광

에이미와 빌은 많은 토론 끝에 이 세 갈래의 '마운틴고릴라 프로젝트' 제안서를 준비해 르완다 정부에 제안했다. 정부 관리는

한 르완다 소녀가 고릴라와 다른 야생생물에 대해 배우고 있다. 르완다 사람들에게 자국의 식물과 동물에 관해 교육시키는 것은 '마운틴고릴라 프로젝트'에서 중요한 부분을 차지했다.

이렇게 물었다. "고릴라 관광이 소보다 더 많은 돈을 벌어들일 수 있을까요?"

빌은 그들에게 르완다가 연간 3000여 명의 관광객을 유치할 수 있을 것이며, 관광객은 야생 고릴라를 보기 위해 기꺼이 25달러씩 지불할 것이라고 장담했다. 그렇게 되면 7만 5000달러의 수입을 거둘 수 있는데, 이는 소 방목지 프로젝트보다 5000달러가 더 많은 금액이었다.

그리고 시작이 그렇다는 것이지, 시간이 지나면 더욱더 많은 생태 여행자들(환경을 사랑하는 여행자들)이 르완다로 몰려와 야생 고릴라를 보는 '생애 단 한 번의 체험'을 위해 얼음처럼 차가운 비와 진흙을 힘겹게 뚫고 지나가면서도 기분 좋게 큰돈을 지불할 것이다.

그 말이 옳다는 것은 시간이 증명해줄 것이었다.

최악의 상황을 걱정했던 터라,

에이미는 빌이 두 다리로

그곳에 서 있는 것을 보고는

가슴이 벅차올랐다.

빌 웨버가 비룽가 산맥에 떨어진 우박을 들고 있다.

7장

구사일생

청바지 차림에 찢어진 야전 부츠를 신은, 장발의 젊은 부부가 뉴욕시 존에프케네디 공항에 도착했다. 그들의 남루한 모습은 주변 사람들의 눈살을 찌푸리게 했다.

"트렁크를 열어보세요." 세관원이 요구했다. 에이미는 지시에 따랐다.

"이게 도대체 다 뭐죠?" 세관원은 식물들로 채워진 작은 비닐봉지 수백 개를 손가락으로 가리키며 물었다.

"고릴라 먹이에요. 말린 고릴라 음식이죠. 저는 고릴라가 무엇을 먹는지 연구하는 사람이거든요." 그녀는 재빨리 설명했다.

에이미는 세관원에게 그녀의 샘플 중에 불법적으로 들여오는 종은 하나도 없다는 것을 증명하는 허가서 다발을 보여주었다.

빌과 에이미는 르완다에서 현장 업무를 수행하다가 많은 위험을 겪었다. 관광객들이 고릴라를 가까이에서 관찰하는 야생 체험을 즐기고 있다.

사실, 세관원은 그 서류들만으로는 그녀가 정식 과학자라는 사실을 믿지 못했는데, 고릴라 똥이 든 봉지들을 보고서는 달라졌다.

세관원은 그 똥을 믿을 수 없다는 듯 바라보다가 크게 웃었다. 마침내, 그는 트렁크를 닫고 에이미에게 가던 길을 가라고 손짓했다.

그녀와 빌은 세관을 지나, 수많은 사람이 경쟁하듯이 걸어가는 분주한 공항 안을 지나갔다. 거의 2년 동안 르완다의 산맥에서 지냈던 터라 대도시의 혼잡이 신경에 거슬렸다. 그룹 5와 작별해야 했던 것도 에이미를 슬프게 했다. 그녀는 여전히 많은 의문을 품고 있었다. 얼마나 더 오랫동안 베토벤이 무리를 이끌 수 있을까? 파블로에게는 무슨 일이 벌어질까? 파블로가 무리 안에서 새로운 역할을 하며 자리 잡을 수 있을까? 아니면, 가족을 떠나 홀로 살아가게 될까?

새로운 장

이런 질문들의 답을 찾는 작업은 에이미와 빌이 아닌 다른 누군가의 몫으로 돌려야 했다. 에이미는 카리소케에서 진행한 연구 데이터를 분석하고 교과 과정을 몇 개 더 끝마치기 위해 매디슨에 있는 학교로 돌아가야 했다. 빌은 에이미보다 4개월 앞서 르완다로 돌아갈 예정이었다. 르완다 정부에 세 갈래 방향의 고릴라 보존 제안서를 전달한 후, 이 부부는 마운틴고릴라 프로젝트를 착수할 만한 재정 지원을 제의받았다. 프로젝트는 1979년 여름에 시작할 수 있게 되었다. 지출을 줄이거나 절약한답시고 기껏해야 쌀과 콩류를 사는 짓은 더 이상 하지 않아도 되었다. 한 사람당 500달러씩 지급되는 월급은 르완다에서는 꽤나 거액이었다. 그들은 이제 치즈나 참치 통조림 같은 다소 사치스러운 것들도 마음껏 살 수 있게 되었다.

더 좋은 건, 그들이 위험에 처한 유인원들에게 최소한의 영향을 끼치면서 고릴라 관광 프로그램이 제대로 진행되도록 도와줄 수 있다는 점이었다. 빌은 고릴라를 특정 조건에 길들이거나 곧 그들을 보러 올 여행자들에게 적응시키기 위해 서둘러 르완다로 돌아가야 했다.

그들이 함께했던 9년 동안, 에이미와 빌은 며칠씩, 심지어 몇 주씩도 떨어져 지낸 적이 있었지만, 4개월이나 떨어진 적은 없었다. 그들은 크리스마스 때 르완다에서 다시 만나자고 약속했다.

기습 공격을 당하다

한 학기 동안의 대학원 수업을 마치고 그동안의 데이터 분석을 끝마친 다음, 에이미는 1979년 12월 21일에 르완다행 비행기에 올랐다. 비행의 마지막 구간인 벨기에의 어느 공항에서, 에이미는 한 무리의 사람이 자신들의 마운틴고릴라 방문 프로젝트에 관해 이야기하는 것을 들었다.

"하지만 고릴라들을 볼 수 있을지는 장담 못 해요." 어떤 사람이 말했다.

"왜요?" 다른 여행자가 물었다.

"가이드 한 명이 고릴라에게 공격당했대요."

에이미는 대화에 끼어들며 물었다. "그 가이드가 르완다 사람이었나요?"

"아니요, 미국인이었어요. 턱수염을 기른 덩치가 큰 남자예요. 저는 그 사람을 봤지만 이름은 몰라요." 일행 중 한 사람이 대답했다.

빌의 인상착의와 꼭 맞아떨어졌다.

그녀는 극도로 흥분한 상태로 물었다. "얼마나 심하게 다쳤대요?"

"목을 물렸다고 그러던데, 얼마나 심한지는 잘 모르겠어요."

에이미는 남편에게 무슨 일이 일어났을까 봐 두려워하며 수도 키갈리로 가는 비행기에 탔다. 몹시 고통스러운 12시간이 지난 후 그녀는 비행기에서 내려 빌의 얼굴을 간절히 찾았다. 그녀는 일찍 도착했다. '아직 빌이 도착하지 않은 거겠지.'라고 그녀는 생각했다. '혹시라도 병원 침대에 마비 상태로 누워 있느라 못 온 거 아닐까.'

에이미는 빌을 위해서 크리스마스 선물인 것처럼 빨간 리본을 매고 온 자신이 바보같이 느껴졌다. 그때, 그녀는 군중 속에서 빌을 발견했다. 그는 목에 밴드를 붙이고, 팔에 붕대를 감은 채, 활짝 웃고 있었다. 최악의 상황을 걱정했던 터라, 에이미는 빌이 두 다리로 그곳에 서 있는 것을 보고는 가슴이 벅차올랐다. 그녀는 갈비뼈 두 곳이 부러진 남편을 조심스럽게 끌어안고는 물었다.

"세상에, 무슨 일이 일어났던 거예요?"

빌은 고릴라 신원을 착각해서 생긴 일이라고 설명했다.

정글의 법칙

빌은 2주 전쯤 산에서 단체 관광객을 안내하고 있었다. 일행이 16명인 큰 단체였는데, 그가 생각하는 적정 규모보다 훨씬 많았다. 하지만 르완다 관광진흥청은 고릴라를 보러 온 유료 고객을 전부 데려가라고 압박했고, 빌은 아무도 안 데려가겠다며 버텼다. 빌은 관광진흥청 직원들에게 그렇게 하면 고릴라와 여행자 모두 안전하지 않다고 말했다. 하지만 관광진흥청은 말을 듣지 않았다. 그래서 빌은 그날 16명의 프랑스 항공 직원들과 함께, 마지못해 산을 터벅터벅 올라가고 있었다. 여행자들의 방문에 대비하여 그가 미리 적응 훈련을 시켜둔 두 고릴라 가족 중 한 곳의 흔적을 따라가던 중이었다.

적어도, 그는 그렇게 생각했다. 하지만 그 생각은 잘못된 것으로 곧 판명됐다. 빌이 따라 갔던 흔적은 기존 고릴라 무리가 아니라 그룹 6, 즉 브루투스Brutus 가족의 자취였다.

브루투스는 '크고 힘이 세다'는 의미에 걸맞게 몸무게 180킬로그램이 넘는 실버백이었다. 언젠가 빌이 비룽가 산맥 경사지에서 고릴라 개체 수를 세고 있었을 때, 이 무시무시한 실버백이 "우라하!"라고 부르짖으며 그에게 돌진해온 적이 있었다. 그때의 돌격은 브루투스가 숲으로 갑자기 들어가면서 싱겁게 끝났지만, 이번에는 달랐다. 빌이 브루투스를 다시 한 번 우연히 맞닥뜨리게 되었을 때, 이 유인원은 이번에도 예전과 비슷한 행동을 했다. 그러고 나서 길이가 5센티미터나 되는 거대한 송곳니를 빌의 목에 박아 넣었다.

나중에 키갈리에 있는 친구 집에서 하룻밤을 보낼 때, 에이미는 빌의 물린 상처를 보고 겁이 나서 움찔했다. 상처는 그의 척추 양쪽 살점에 2센티미터 이상 깊게 나 있었다. 왼쪽이나 오른쪽으

생태 여행자들은 생애 최고의 사진, 즉 마운틴고릴라들이 자연 서식지에서 먹이를 찾고 있는 모습을 사진에 담으려고 가까이 몰려들었다.

로 1센티미터만 더 들어갔어도 빌은 평생을 마비된 상태로 살아야 했을지도 모른다. 에이미는 상처 깊은 곳이 감염되었다는 것을 알아챘다. 그녀는 깊은 상처를 조심스레 열어서 오염된 조직을 제거하고 다시 붕대를 감았다. 그것은 상처가 완전히 치료될 때까지 그녀가 여러 번 반복해야 할 일이었다.

만약 빌이 그날 인솔했던 관광객의 수가 더 적었다면, 또는 가이드가 좀 더 많았다면, 그와 브루투스의 가벼운 충돌은 피할 수 있었을 것이다. 가이드들이 그 지역을 돌아다니는 고릴라 가족의

볼케이노 국립공원의 한 가이드가 공원과 탐방로 등 세부 사항을 알려주는 안내판 옆에 서 있다.

이동을 감시할 수 있었을 테니 말이다.

더욱 엄격한 규칙을 세울 수 있기를, 그리고 고릴라들을 예의 주시하고 밀렵꾼을 탐지하는 가이드들을 더 많이 고용할 수 있기를 바라며, 에이미와 빌은 키갈리에 있는 르완다 관광진흥청 청장 벤다 리마Benda Lema를 방문했다.

청장은 책상에서 일어나면서 빌의 목에 감긴 붕대를 알아보았지만 내색을 하지는 않았다. 그는 먼저 빌과 악수를 한 후 에이미와도 악수했고 그들에게 앉으라고 권했다. 벤다 리마는 에이미에게 그곳에서 "남편을 도와주고" 있어서 기쁘다고 말했다. 에이미는 이 발언이 불쾌했지만 겉으로 드러내지는 않았다. 그날의 방문에 더 중요한 일들의 성패가 달려 있었기 때문이다. 에이미와 빌은 매일 고릴라를 방문하는 여행자 수를 제한하지 않으면 고릴라 관광을 안전하게 진행할 수 없다고 강조했다.

어쨌든 빌의 붕대는 청장에게 영향을 끼친 게 분명했다. 청장은 방문객을 무제한으로 받는 예전의 정책을 취소하고 일일 최대 여행자 수를 여섯 명으로 정했다. 빌과 에이미가 그 지역을 감시하고 밀렵꾼을 물리칠 수 있는 수비대가 더 필요하다고 요청했을 때도 그는 동의했다.

그날은 르완다 정부와의 조율에 성과가 컸던 날이었다.

비소케의 그늘에서

에이미는 르완다에서 소박하지만 만족스러운 생활로 돌아갔다. 비소케산 경사면에 있던 그녀의 집은 이제 화산 기저부에 있는 둥근 금속 구조물로 바뀌었다. 그 집에는 진흙 마루, 빗방울을 튀어나가게 하는 원추형 지붕, 땅에 구멍을 파서 네 개의 투박한 벽으로 둘러싼 야외 변소가 있었다. 빌은 여기에 크리스마스 선물로 주문 제작한 나무 의자를 더했다.

오두막의 가구 또한 최소한의 것들로 갖춰져 있는데, 폼 매트리스 두 개, 책상, 접이식 의자, 식탁으로도 쓰이는 큰 트렁크가 여러 개 있었다. 밖에는 유칼립투스 나무로 만든 벤치가 하나 놓여 있었다.

그 벤치에 앉으면 아침에 울려 퍼지는 새들의 노랫소리와 동쪽에 있는 사비인요산, 가힌가산, 무하부라산의 숨 막힐 듯한 아름다운 풍경을 완벽하게 감상할 수 있다.

그러나 에이미는 새로운 환경을 편안하게 누릴 겨를이 없었다. 그녀는 곧바로 고릴라 관광객들을 안내하기 시작했다. 대부분 아침 8시쯤 되면, 그녀는 오두막 너머 작은 주차장으로 그날의 첫 관광객들을 실은 차가 자갈길을 올라오는 소리를 들었다. 고릴라 가이드와 수색자, 짐꾼으로 일하는 르완다 주민들은 이미 관광객들을 기다리고 있었다. 그들은 외국인들이 고릴라를 보고 싶어 하는 것만큼이나 돈을 지불하는 고객들과 만나기를 열렬히 바랐다.

스틸가의 돌격

여섯 명이라는 일일 제한 숫자가 깨지는 경우는 드물었다. 1980년 1월 말의 어느 날, 관광객 일곱 명이 에이미와 빌의 오두막 진입로에 나타났다. 일행 중 두 사람은 노부부였다. 에이미는 예외적으로 그들 노부부에게는 느긋한 고릴라 하이킹을 제안했다.

이제 부서진 갈비뼈와 상처 난 목이 완전히 나은 빌은 다른 사람들을 좀 더 빠른 속도로 안내했다. 그들 일행은 그룹 11의 고릴라들을 찾아냈고 약 45분 동안 고릴라들을 바라보며 앉아 있었다. 그 무렵 한 르완다인 수색자는 에이미와 노부부가 가까이 있다는 것을 알고는 이를 빌에게 알렸다.

빌은 에이미가 그 노부부에게도 고릴라들의 모습을 보여줄 수 있도록 일행을 모아서 뒤로 물러났다. 에이미는 고릴라에 가까이 접근하기 전에 조금 기다렸다. 하지만 그녀의 조심성은 아무 소용이 없었다. 그 무리의 실버백 스틸가[Stilgar]는 평소보다 사람들이 더 많이 나타나자 겁을 먹었다. 스틸가는 돌격을 준비하듯이 서서히 주위를 확보하기 시작했다.

에이미는 문득 브루투스의 모습이 머릿속에 아른거려서 무릎을 꿇었다. "침착해!" 그녀는 강하게 말했다.

"우라--하!" 스틸가는 큰 소리로 울부짖었다. 스틸가는 땅에서 어린 나무를 거칠게 뜯어내며 돌격했고, 에이미의 머리에 가벼운 일격을 가하면서 지나쳤다.

에이미는 숨을 헐떡이며 위를 올려다보고는 스틸가가 사라진 것을 확인했다. 후들거리는 다리로 일어선 그녀는 남자가 유령처럼 하얗게 질려 땅 위에 누워 있는 것을 보았다. 하지만 여자는 입이 양쪽 귀에 걸릴 만큼 크게 웃으며 가까이에 서 있었다. "이런 일은 난생 처음이에요."라며 그녀는 에이미에게 기쁨에 넘쳐

고릴라의 말

에이미는 스틸가와의 만남에서(그리고 빌은 브루투스와의 만남에서) 고릴라가 두려워할 때 어떻게 반응하는지를 직접 보았다. 실버백이 “우라하!”라고 큰 소리를 내면, 이는 “꺼져, 침입자들아!”라는 것을 의미한다.

마운틴고릴라는 천성적으로 수줍어하지만, 180킬로그램의 실버백은 그룹의 공격적인 우두머리이자 보호자다.

실버백은 자기 지신이나 가족을 위협하는 것이라면, 그것이 물건이든 사람이든 그것을 향해 돌격할 것이다. 실버백은 돌격하기 전에 ‘가슴 치기’라고 알려진 행동, 즉 가슴을 드럼 치듯이 빠르게 두드려 텅, 텅, 텅하는 빈 통 소리를 내기도 한다.

우렁찬 소리로 고함을 치고 가슴을 두드리는 것만이 고릴라가 의사소통하는 방법은 아니다. 그들은 또한 소리에 대한 작은 목록을 가지고 있다. 한 그룹에 속한 모든 고릴라는 다양한 상황에서 부드러운 ‘트림’ 소리를 낸다. 실버백이 난폭한 행동을 하는 경우, 근처에 앉아 있는 암컷 고릴라는 마치 “나 여기 있어. 하지만 너를 방해하지는 않을 거야.”라고 말하는 듯이 낮으면서도 우르릉거리는 소리를 낼 것이다.

어린 고릴라들도 소리를 낸다. 그들이 씨름하고 서로 쫓아다니며 놀 때, 그들은 낄낄거리며 웃는 아이들과 비슷하게 “킥킥 킥킥” 소리를 연속적으로 낸다.

또 다른 고릴라의 ‘만족’ 신호는 ‘노래하기’다. 에이미는 이 노래하기를 다양한 음색이 추가된 일련의 우르릉 소리라고 설명한다. 때때로, 에이미는 어미와 아기 고릴라가 듀엣으로 노래 부르는 것을 들었다. 어미의 소리가 바리톤이라면, 아기의 소리는 소프라노처럼 들린다. “고릴라가 ‘노래’를 하는 건, 마치 우리가 샤워하면서 흥얼거리는 것과 비슷해요. 그들은 ‘이봐, 인생은 즐거워!’라고 말하는 거예요.”라고 에이미는 말한다.

말했다. “대단하네요!”

에이미는 그 부인에게 고릴라와 우연하게 마주친 첫 만남이 거의 마지막이 될 뻔했다고 말해주고 싶었다. 대신, 그녀는 웃으면서 고릴라를 추적하기에 좋은 때가 아닌 것 같다고, 이제 돌아가는 게 좋겠다고 설명했다. 에이미는 그후 다시는 ‘여섯 명 원칙’을 깨지 않았다.

니웅웨는 에이미가 지금까지 본 것 중

가장 풍요로운 숲이었다.

그녀는 여전히 모험 같은 현장 연구를 즐겼다.

8장

고릴라가 없는 곳으로

마운틴고릴라 프로젝트의 첫해인 1980년에 1000명 이상의 유료 관광객이 르완다의 고릴라들을 찾았다. 이는 전년도 볼케이노 국립공원 방문자의 두 배였다. 공원 밀렵 저지 수비대 인원은 14명에서 40명으로 거의 세 배가량 늘었다. 그리고 공원 수입은 네 배가 되었다. 르완다의 마운틴고릴라 보호 계획은 순항 중이었으며 많은 지지를 얻고 있었다.

비룽가 소 방목지 프로젝트는 더 이상 위협이 되지 않았고, 밀렵이 감소하고 고릴라 개체 수가 증가함에 따라, 에이미와 빌은 2년 전에 그곳에 도착했을 때보다 고릴라들이 더 잘 지내고 있다는 결론을 내렸다. 이제 다른 곳으로 옮길 때가 되었다. 르완다의 다른 야생 지역들도 위험에 처해 있었다. 그리고 일부 지역은 마

에이미의 아들 노아 게르하르트 웨버가 1980년 11월 1일 위스콘신 주 매디슨에서 태어났다. 모성애도 그녀를 멈추게 할 수는 없었다.

운틴고릴라 같은 카리스마 있는 생명체의 서식지였다. 이들을 보호하는 데 노력을 기울이는 것이 훨씬 더 도전적인 일이 될 것이었다.

에이미는 그런 일에 도전해보고 싶었지만, 그녀와 빌은 미국으로 돌아가 석사학위를 마칠 필요가 있다는 데 의견을 같이했다. 하지만 떠나기 전에 에이미가 하고 싶었던 일이 한 가지 더 있었다.

정상에서 바라본 전망

에이미는 르완다의 근간을 이루는 다섯 개의 화산 정상에 올라가 전망을 즐기고 싶었다. 화산을 하이킹하는 순수한 즐거움 외에도, 에이미는 볼케이노 국립공원에서 배낭을 메고 등반할 수 있는 탐방로를 지도로 만들고 싶었다. 하이킹이 가능한 등산로를 정리해서 공개하면, 관광객들에게 또 다른 매력을 줄 것이다. 이는 고릴라의 미래에 미약하나마 '추가 보험'으로 작용할 것이다.

에이미는 그 마지막 여름에 르완다와 우간다의 경계선에 있는 무하부라산 동쪽 측면부터 비룽가 산맥을 따라 여행을 시작했다. 르완다인 가이드와 프랑스어 선생님 세 명과 함께 짚푸

1980년 여름, 에이미는 사비인요에서 두 번째로 높은 3675미터 화산에 올랐다. 사비인요는 스와힐리어로 '노인의 이빨'을 의미한다.

른 회색 용암류熔岩流를 따라 산길을 걸었다. 이 화산유암은 세이지sage(샐비어와 같은 말. 꿀풀과의 여러해살이 풀. 약용·향료용 허브로 쓰인다—옮긴이) 색깔의 이끼로 뒤덮이고, 레드핫포커red-hot pokers(아프리카 남부가 원산지인 백합과 크니포피아속 식물의 총칭. 초여름에 긴 화수가 나고 노란 등황색의 관상화가 많이 핀다 — 옮긴이)라 불리는 연붉은색 꽃들로 얼룩덜룩하게 장식되어 있었다. 그녀는 무하부라산 정상까지 올랐다. 그곳에서는 북쪽으로 멀리 떨어진 우간다의 브윈디 밀림Bwindi Impenetrable Forest까지 보였다. 브윈디 밀림은 나머지 마운틴고릴라 무리가 서식하는 유일한 곳이다.

수백 년 전, 브윈디 고릴라는 비룽가 고릴라와 섞여서 살았다.

레드핫포커라 불리는 다양한 색깔의 식물 군락이 무하부라산을 덮고 있다.

하지만 농부와 목동이 두 공원 사이의 땅을 개간해버리자, 산속의 고릴라들은 섬이 두 개로 분리된 것처럼 각각 숲에서 고립되었다.

에이미는 무하부라의 대나무 계곡에서 하룻밤을 보낸 후 분화구로 가득하고 핑크색 난초가 카펫처럼 깔린 톱니 모양의 가힌가산을 올랐다.

다음 차례는 공포의 사비인요산 등반이었다. 에이미는 사비인요산의 두 번째로 높은 정상과 거의 수직인 산등성이 암벽을 두 손을 번갈아 옮겨가며 기어올라갔다. 하지만 곧 어두운 구름이 밀어닥쳐서 에이미와 다른 등산객 세 명은 어쩔 수 없이 퇴각했다. 그다음 날에는 비소케 정상에 올랐다. 그녀는 눈으로 둥근 분화구의 경사면에서 깊고 푸른 호수까지 이어지는 코끼리 탐방로를 좇으며 아래를 내려다보았다.

다음으로 에이미는 아프리카에서 네 번째로 높은 산이며 에이미의 트레킹 코스에서 마지막 정상인 카리심비산을 올랐는데, 이는 가장 추운 등반이었다. 정상 근처의 희박하고 싸늘한 공기 속에서 에이미는 숨쉬기도 힘들었다. 하지만 모험의 종료를 선포하며 집으로 돌아가기 전, 그녀는 동반자 세 명에게 한바탕 눈싸움을 걸 정도의 힘은 아직 남아 있었다.

미국에서 태어나다

비룽가 산맥을 따라 아드레날린을 충전하는 트레킹을 끝마치고 한 달 후, 에이미는 매디슨의 대학원생으로서 조용한 삶과 여유로운 미국인의 생활로 돌아갔다. 그녀는 한 번에 바로 걸리는 전화, 부엌 수도꼭지에서 곧바로 나오는 식수, 수세식 화장실을

에이미와 빌이 1981년에 아들 노아와 함께 즐거운 시간을 보내고 있다.

만끽했다. 세탁기, 식품으로 가득 찬 식료품 가게, 현관 앞까지 매일 배달되는 신문, 쇼핑, 특히 아기용품 쇼핑을 좋아했다.

에이미는 임신 5개월이 되었다. 그들은 빌이 브루투스와 맞닥뜨려 거의 죽을 뻔했던 사건 직후에 아이를 갖기로 결정했다.

1980년 추수감사절 바로 몇 주 전에 태어난 노아 게르하르트 웨버는 에이미의 안락한 자궁 안에서 사람들이 평생 경험하는 것보다 더 많은 지역을 거쳐갔다. 노아가 태어난 후 에이미와 빌은 대학원 수업 시간을 조절해서 둘 중 한 사람은 반드시 노아와 함께 시간을 보냈다. 필요할 경우는 노아를 수업에 데리고 갔다. 에이미는 1982년 12월에 동물학 석사학위를 받았다.

아프리카로

노아가 두 살이 될 때까지, 에이미는 아이를 키우는 일에 좀 더 창의성을 발휘해야 했다. 빌은 정기적으로 아프리카로 출장을 떠나기 시작했다. 그는 미국 국립공원 관리청과 국제개발처USAID의 컨설턴트로 일하고 있었다. 그가 맡은 일은 동아프리카를 여행하며 야생생물에 위협이 되는 것들을 서류로 만들어 그 지역들을 보호하는 일이었다.

출장 중에 한번은 르완다의 남쪽 이웃 나라 부룬디의 국제개

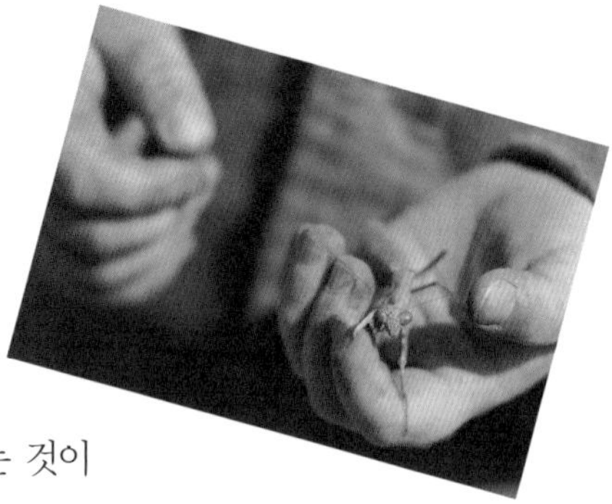

발처 소장이 빌에게 도움을 요청했다. 부룬디 정부가 남쪽에 있는 소규모 산악림의 관리 계획을 작성하려고 하는데, 그 일을 도와달라는 것이었다. 그 부탁을 받아들여 업무를 두 가지로 나눈 후, 빌과 에이미는 1983년에 세 살짜리 노아를 데리고 부룬디로 떠났다.

동료 대학원생 벳 루이셀Bette Loiselle이 노아 양육을 도우려고 동행했다. 벳은 그 대가로 에이미가 "베더-웨버 박사 유모 장학금"이라 부르는 돈을 받았다.

이 여행자 네 명은 훌륭한 팀을 이루었다. 빌이 주변 마을의 사회 및 경제 이슈들을 조사하는 동안, 에이미는 숲 속의 포유동물을 연구했다. 벳은 새를 연구하는 조류학에 몰두했으며, 노아는 곤충에 관심을 쏟았다. 아장아장 걷는 아기는 모든 종류의 벌레에 호기심을 보였고, 특히 손으로 집을 수 있는 것들은 모두 집어서 자세히 관찰했다. 노아는 자신의 조그만 손가락을 쏜 아프리카 풀쐐기는 결코 만지면 안 된다는 걸 빠르게 배웠다.

원숭이 안식처

부룬디에서 지내는 동안 에이미와 빌은 그들이 수년 동안 들어

봤던 니웅웨Nyungwe 숲을 보기 위해 르완다로 돌아갔다. 몇몇 보존학자들은 약 643제곱킬로미터의 우림이 르완다 자연 지역의 가장 진귀한 보석이라고 믿었다. 하지만 정작 세상에 공개된 것은 별로 없었다.

니웅웨는 에이미가 지금까지 본 것 중 가장 풍요로운 숲이었다. 우산 모양으로 된 가지와 잎으로 덮인 캐노피(닫집)는 총 200여 종에 이르는 거대하고 다양한 나무들로 이루어졌다(비교하자면, 비룽가 산맥은 약 12종의 나무만으로 구성됐다). 니웅웨에서는 60미터 크기의 마호가니 나무가 경관 위로 높이 솟아 있어, 에이미가 비룽가 산맥에서 흔히 보았던 30미터 크기의 하게니아 나무는 낮은 키의 잡목이 되어버렸다.

에이미가 세 살짜리 노아를 데리고 부룬디 산악림을 산책하고 있다. 이런 탐험을 할 때 노아는 사마귀와 아프리카 풀쐐기 및 그 밖의 많은 곤충을 가까이했다.

새들도 여기저기 정말 많았다. 니웅웨는 거의 300여 종 새들의 서식지였다. 에이미가 숲을 따라 산행을 하는 동안 녹색·빨간색·노란색 태양조는 캐노피에 가득 핀 꽃의 꿀을 빨아먹고 있었다. 투라코turaco(관모가 크고 아름다운 아프리카 새—옮긴이)라 불리는 커

르완다에 있는 니웅웨 우림은 13종의 영장류의 서식지다. 이는 흑백의 콜로부스원숭이(위), 산악원숭이, 올빼미-얼굴 원숭이, 침팬지를 포함한다.

다란 새들이 날아가면서 진홍색 깃털을 과시했다.

에이미에게는 머리 위로 날아오르는 왕관독수리crowned eagle를 보는 게 놀라운 일도 아니었다. 이 거대하고 높이 나는 약탈자들은 면도날같이 날카로운 갈고리발톱으로 원숭이들을 낚아채서 먹잇감으로 즐겨 잡아먹었다. 니웅웨는 개코원숭이(비비), 장난기 많은 버빗원숭이(동남부 아프리카에 사는 긴꼬리원숭이의 일종—옮긴이), 덤불 속 아기라 불리는 작은 야행성 유인원, 수백 마리의 침팬지, 위풍당당해 보이는 흑백의 콜로부스원숭이(나뭇잎을 먹는, 몸집이 작고 꼬리가 긴 아프리카산 원숭이—옮긴이)를 포함해 13종의 영장류로 북적였다. 에이미는 니웅웨와 비룽가에서 보낸 시간들을 쉽게 나눌 수 있었다.

네 식구가 되다

1985년 초까지 에이미는 야생동물보호협회로부터 나오는 14개월짜리 '니웅웨의 생물학 조사용 기금'을 충분히 받았다. 이 조사는 비룽가 산맥 근처에서 자원 관리 프로젝트 일을 하고 있는 빌의 계획과 잘 맞물려 돌아갔다. 운 좋게도 빌이 정규직을 얻을 좋은 기회였다. 에이미와 빌은 학위를 거의 끝마쳤고 늘어나는 가족을 부양하기 위해서라도 안정된 수입이 필요했다. 1985년 3월 1일 둘째 아들 에단 헬러 베더Ethan Heller Vedder가 매디슨에서 태어났다.

노아의 남동생 에단은 앞으로 수많은 아프리카 모험에서 노아의 파트너가 될 운명이었다.

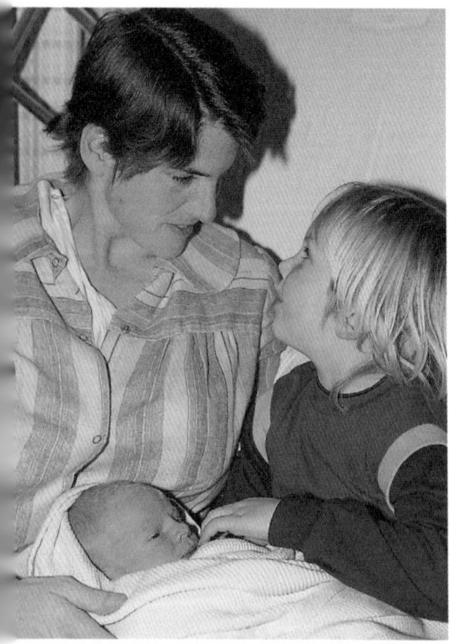

그리고 4개월 후, 에이미는 르완다

로 가기 위해 비행기에 올라탔다. 빌은 이미 한 달 전에 르완다에 가 있었다. 에이미는 아기 에단을 안고, 어린 노아를 옆에 앉혔다. 아이들의 옷가방에는 3년 동안 자라면서 입어도 될 만큼의 충분한 옷이 들어 있었다.

에이미는 다이앤의 오두막 근처 숙소에서

좀처럼 잠들지 못한 채 침대에 누워 있었다.

살인범이 아직 밖에 숨어 있을지도 모른다는 생각에 불안했다.

세계적으로 유명한 고릴라 연구자 다이앤 포시가 1985년 12월 26일에 카리소케에 있는 그녀의 오두막 안에서 살해되었다.

9장

산 위에서 일어난 살인

"그 소식을 들었어요?"

접수원이 물었다.

"무슨 소식이요?"

에이미가 되물었다.

"부인이 죽었어요."

"포시 부인이요?"

"네."

에이미와 빌은 놀라서 접수대에 서 있었다. 그들은 그날 아침, 야생동물보호협회WCS 동료의 체류 허가증을 마련하기 위해 키갈리에 있는 국립공원 사무실에 잠시 들렀다. WCS 동료는 에이미

고릴라 연구자 다이앤 포시는 거의 20년 동안 비소케산 같은 멋진 장소에서 지냈다.

가 니웅웨에서 진행한 초기 연구를 보려고 에이미와 빌을 방문할 예정이었다. 그러다 방금 다이앤이 죽었다는 소식과 마주하게 된 것이다.

지나가던 관리는 에이미와 빌을 발견하고는 그 보도를 확인해주었다. 그 관리는 다이앤 포시가 자기 오두막에서 죽은 채 발견되었다는 라디오 뉴스를 들었다고 말했다. 더 자세한 소식은 알지 못했다.

그들은 곧 키갈리에 있는 미국 최고 관리 중 한 사람인 캐슬린 오스틴Kathleen Austen을 만나게 되었다. 캐슬린은 르완다 조사팀이 수사차 카리소케로 가고 있고, 그곳에서 조사팀을 만날 예정이라고 말했다. 캐슬린은 에이미가 카리소케에서 다이앤과 일했다는 것을 알고는 함께 가자고 요청했다. 그날 밤에는 빌이 노아와 에단을 돌볼 수 있었다. 에이미는 마지못해 승낙했다.

몇 시간 후 비소케로 올라가는 산길에서 벗어나, 에이미와 캐슬린은 해 질 녘에 다이앤의 오두막에 도착했다. 안에서는 트렌치코트를 입은 수사관이 가정부를 심문하고 있었다. 다른 남자는 이동식 소형 타자기로 메모를 적고 있었다. 수사관은 잠시 멈춰 에이미와 캐슬린에게 인사한 후 침실을 보여주었다. 에이미는 그 무시무시한 광경을 목격하고는 겁에 질려 마른 침을 삼켰다. 다이앤은 긴 속옷을 입은 채 침대 옆 바닥 깔개 위에 큰대자로 누워 있었다. 얼굴과 목에 있는 상처, 그리고 바닥에 있는 피 묻은 마체테 칼은 다이앤이 잔인하게 살해되었다는 것을 말해주었다.

단서를 찾아서

수사관은 방을 가로질러 이동하면서 다이앤의 침실 벽에 크게 뚫린 구멍을 가리켰다. 침실 벽은 물결 모양의 얇은 판으로 이루어진 벽이었다. 그는 가해자가 분명히 그 구멍으로 들어왔을 것이라고 설명했다.

에이미는 이상하게 생각했다. '누군가 침실 벽을 톱질하는 소리를 들었을 텐데 다이앤은 왜 도망치지 않았을까?'

도망치려고 애를 썼을지도 모른다. 다이앤이 침대에서 잠을 잔 것처럼 보이기는 했으나 책과 논문들이 바닥 여기저기에 흩어져 있는 등 버둥거린 흔적도 분명 있었다. 옷장 서랍이 열려 있었고 그 속의 옷가지들이 쏟아져 나와 있기도 했다. 다이앤은 틀림없이 총을 잡았을 것이다. 바닥에 떨어진 그 총이 그녀의 손 가까이에 있었기 때문이다.

르완다의 수사관들은 다이앤의 옷장 끝에서 지문 몇 개를 채취했다. 오두막집 밖의 길 위에 나 있는 발자국 사진을 찍었고,

캐슬린의 제안대로 다이앤의 주먹에 잡힌 머리카락을 수거했다.

그날 밤 늦게 에이미는 다이앤의 오두막집 근처 숙소에서 좀처럼 잠들지 못한 채 침대에 누워 있었다. 살인범이 아직 밖에 숨어 있을지도 모른다는 생각에 불안했다. 다이앤 포시는 카리소케에서 영장류를 연구해온 13년 동안 수많은 적을 만들었다. 심지어 직원 중에도 적이 있었다.

무에자가 죽은 후 몇 주 동안 에이미와 빌이 견뎌야 했던 다이앤의 일 처리 방식을 다른 사람들도 모두 경험했다.

그래도 에이미는 카리소케 직원 중 누군가가 살인을 했으리라고는 상상하기 어려웠다. 그녀는 또 다이앤의 시체를 보았던 감당하기 힘든 경험도 떠올렸다. 에이미는 카리소케로 올라가기 전에 다이앤이 죽었다는 사실을 알긴 했지만 그녀의 시체를 볼 준비는 되어 있지 않았다. 에이미와 다이앤의 관계가 한때 껄끄럽기도 했지만, 에이미는 카리소케에서 일하는 동안 이 유명 인사의 숨겨진 면모를 꽤 잘 알게 되었다.

복잡한 성격

에이미는 다이앤이 핼러윈 같은 축일을 얼마나 좋아했는지 기억해냈다. 어느 핼러윈 날 에이미는 속 빈 조롱박에 이를 드러내고 씩 웃는 얼굴을 조각하고는 안에 촛불을 넣어 다이앤의 현관 계단 위에 그 호박등을 놓았다. 에이미는 문을 두드린 후 뛰어가 근처 덤불에 숨었다.

아무 반응이 없었다.

에이미는 다시 노크를 했다. 이번에는 다이앤이 소리쳤다. "누구야?"

'세 번씩이나 노크를 해야 할까?' 에이미는 고민했다.

바로 그때 문이 홱 열렸고 다이앤이 권총을 흔들며 그곳에 서 있었다. 그러다 그녀의 발 앞에 있는 에이미의 선물을 알아차리고 낄낄 웃으며 '호박'을 집어 들고는 안으로 가져갔다.

몇 달 후 에이미는 부활절에 이 이벤트를 반복했다. 고릴라가 가장 자주 먹는 식물인 산갈퀴덩굴로 만든 바구니에 색칠한 달걀을 몇 개 넣어서 다이앤의 현관 계단 위에 놓았던 것이다. 다만 에이미는 핼러윈 날에 다이앤의 손에 권총이 들려 있었다는 걸

다이앤 포시는 고릴라를 하나하나 개별적으로 연구했다. 그녀는 고릴라에게 이름을 지어주었고 녀석들이 살아가는 이야기를 전 세계 독자들에게 알렸다.

기억하고는 그녀의 반응을 보겠다고 주변에서 얼쩡대지는 않았다. 에이미는 다음 날, 다이앤이 에이미가 아니라 새로 온 대학원생에게 사려 깊은 부활절 깜짝 선물에 고마워했다는 것을 알게 되었다.

그래도 에이미는 다이앤과 가까워지려고 계속 노력했다. 1980년 크리스마스 날, 에이미는 그룹 5를 추적하고 있었는데 그때 고릴라늘이 캠프 쪽으로 점점 더 가까이 이동하고 있는 것을 알게 되었다. 다이앤은 그 당시 나이가 마흔여덟밖에 안 되었지만 건강이 점점 나빠져, 고릴라를 보기 위해 멀리까지 등반하는 것을 무척 힘겨워 했다. 에이미는 생각했다. '이번에야말로 다이앤이 고릴라들을 볼 수 있는 기회일걸.' 다이앤의 오두막에서 10분만 걸어가도 고릴라를 볼 수 있었다. 그녀는 캠프로 달려가 다이앤에게 희소식을 전했다. "고릴라가 당신에게 선물을 가져왔어요. 그들은 겨우 200미터도 안 되는 곳에서 기다리고 있어요!"

"안 돼요. 못 가겠어요." 다이앤은 대답했다.

고릴라 묘지에 묻히다

다이앤이 그 슬픈 말을 내뱉은 후 크리스마스 휴일이 다섯 번이나 지나갔다. 그리고 이번이 에이미가 카리소케에서 지내는 마지

다이앤 포시는 카리소케 연구소의 고릴라 묘지에 있는 그녀의 오랜 친구 디짓 옆에 묻혔다.

막 크리스마스 날이었다. 1985년 새해 전날, 비소케산 정상으로 돌아 올라가는 소규모 장례 행렬에 참석한 에이미는 당시 고릴라를 보러 가지 못하겠다는 다이앤의 슬픈 목소리가 떠올랐다. 에이미는 다이앤의 관 위에 고릴라 애호 식품, 즉 야생 셀러리, 산갈퀴덩굴, 블랙베리, 엉겅퀴로 만든 부케 한 묶음을 얹어놓았다. 에이미는 디짓의 무덤 옆에 있는 땅속으로 관이 내려가는 것을 바라보았다.

피고인

살인 사건이 일어난 지 몇 주 후에 세계 각지의 기자들이 르완다로 몰려왔다. 기자들은 누가 다이앤 포시를 죽였고 동기가 무엇인지 알고 싶어 했다.

르완다 당국은 이런 질문에 답변하기가 곤란했다. 그들은 두 가지 가능성을 염두에 두었다. 고릴라 밀렵꾼들이 복수심으로 다이앤을 죽였거나, 불만을 품은 어느 카리소케 연구원이 그랬을 거라고.

범죄 현장의 증거들은 범인을 알아내기에는 미흡했다. 하지만 기자들과 르완다 주재 미국 대사관의 끈질긴 추궁이 범인을 꼭 찾아야 한다는 압력으로 작용했다. 몇 달 후에 르완다 법무부는 미국인 연구원을 살인 혐의로 기소할 것이라고 발표했다. 다이앤이 죽기 몇 달 전에 카리소케로 온 사람이었다. 에이미의 오랜 친구인 고릴라 추적자 르웰리카나도 같이 기소되었다.

미국인 연구원이 살인 혐의로 기소되자 그는 르완다에서 도망쳤다. 에이미가 르웰리카나는 살인을 저지를 만한 동기가 없고,

그럴 기회도 없었다는 것을 입증할 증거를 르완다 당국에 제출했지만 그녀의 친구는 투옥되고 말았다.

몇 개월이 지나 르웰리카나는 당국에 의해 살해되었다. 그의 사망은 '자살'로 꾸며졌다. 수사 당국이 다이앤 살인사건 관련 기록을 봉인했기에 에이미는 르웰리카나의 죽음을 조용히 애도했다. 현재까지도 다이앤을 죽인 살인범의 정체는 알려지지 않고 있다.

에이미와 빌은 가끔 주말여행 삼아

노아와 에단을 마을 밖으로 데려갔다.

1980년대 중반, 에이미의 르완다 생활은 4개의 'F'에 초점을 맞추었다. 그것은 가족family, 식물상flora, 동물상fauna, 재미fun였다. 에이미가 에단을 데리고 콩고 동부에 있는 대나무 다리를 건너고 있다.

10장

이국땅에서 보낸 가족생활

1978년 에이미는 카리소케의 양철집 지붕 아래에서 추위에 벌벌 떠는 생활에 익숙해졌다. 1980년 비소케 기지에 있는 두 번째 철제 오두막에서는 펄펄 끓는 대낮의 열기에도 적응했다. 그러나 1985년에 어린 아들 두 명과 함께 르완다로 돌아왔을 때, 빌과 에이미는 가족을 위해서라도 조금 더 갖춰진 집에서 살기를 원했다. 그들은 루헨게리 읍내에 있는 커다란 단층짜리 식민지풍의 집을 발견했다.

에이미는 이사를 끝내자마자, 그녀와 빌이 현장 조사로 바쁠 때 아이들을 돌봐줄 유모를 찾기 시작했다. 그녀가 면접을 본 여성들 중에는 젊은 르완다 여성 클레망틴 우위마나Clementine Uwimana도 있었다. 에이미와 이야기를 나누는 동안 클레망틴은 에단을 들어 올린 후 꼭 껴안아주었다. 에단도 여인의 따뜻한 품에 폭 안기는 것을 보고, 에이미는 클레망틴이 적임자라고 생각했다.

엄마의 숲 속 사무실

클레망틴은 주중에 루헨게리에 있는 프랑스 유치원에 노아를 등하원시켰고, 낮에는 집에서 에단을 돌보았다. 주말에는 종종 에이미, 빌, 노아, 에단과 함께 니웅웨 숲으로 연구 여행을 따라다녔다.

클레망틴은 원숭이를 구분하는 데 능숙해졌다. 에이미는 이 호기심 많은 동물들이 무엇을 하고 있는지 조곤조곤 설명해주었다. 색이 바랜 등과 흰 수염을 가진 큼지막한 검은색 산악원숭이는 주로 땅 위에서 이동했고, 꼬리는 물음표처럼 높이 솟았다. 블루원숭이는 큰 소리를 지르면서 자기 위치를 알렸다. 붉은꼬리원숭이는 코 위에 있는 상징적인 흰색 반점을 내보이며 숲 가장자리에 있는 나뭇가지에서 아래를 내려다보았다.

가끔, 에이미는 모나원숭이를 가리켰다. 몸체의 짙푸른 회색 털과 배 위와 팔다리 안쪽의 크림 같은 흰색 털의 대비 때문에 그 원숭이는 화려한 레오타드(무용수나 여자 체조 선수가 입는 긴 소매의 몸에 착 달라붙는 원피스—옮긴이)를 입은 것처럼 보였다. 에이

에이미와 빌은 르완다의 루헨게리 읍내에 있는 이 집에 세 들어 살았다. 야외 정원은 꽃이 만발한 관목과 레몬, 파파야, 석류나무로 넘쳐났다.

미가 '숲의 펑크로커'라고 부르는 초콜릿 갈색의 맹거베이도 있었다. 맹거베이는 곱슬곱슬한 털, 두드러진 광대뼈, 머리 위에 똑바로 솟구친 뾰족한 털을 가지고 있었다.

때로는 노아의 다섯 살짜리 친구 가엘 반 데 웨게 Gael van de Weghe 가 니웅웨로 따라와서 원숭이를 관찰하며 주말을 함께 보냈다. 노아와 가엘은 30센티미터 길이의 지렁이를 찾기 위해 숲 바닥을 샅샅이 뒤졌으며, 막대기로 칼싸움을 흉내 내며 놀았다.

어느 날 에이미가 교살자무화과 strangler fig 라 불리는 나무를 발견하고는 아이들을 불러 그 나무를 보게 했다. 교살자무화과가 검을 든 아이들과 함께 치열한 전투에 가담한 것처럼 보인다고 그녀는 설명했다.

에이미는 교살자무화과가 다른 나무 꼭대기에 자라면서 숙주의 목을 조르고 햇빛을 차단함으로써 생존 게임에서 이긴다고 설

노아와 그의 친구 가엘 반 데 웨게(왼쪽)가 지렁이나 개미를 찾기 위해 니웅웨 숲의 흙을 샅샅이 뒤지고 있다.

명해주었는데, 이때 노아와 가엘은 눈을 크게 뜨고 에이미를 바라보았다. 에이미는 소년들의 언어로 말하고 있었다.

주말에 탈출하기

에이미와 빌은 가끔 주말여행 삼아 노아와 에단을 마을 밖으로 데려갔다. 어느 날 오후, 그들은 비룽가 산맥으로 가서 사비인요산으로 오르는 탐방로 아래쪽을 산책했다. 아기 에단은 배낭 속에 담겨 함께 올랐고, 노아는 물웅덩이가 된 코끼리 발자국들을 따라 껑충껑충 뛰면서 산길을 올랐다.

어느 주말, 빌이 노아를 르완다의 아카게라[Akagera] 국립공원으로 데려갔고, 에이미와 에단은 키갈리에 머물렀다. 공원에서 하루를 보낸 후, 갑자기 노아가 사라졌다는 사실을 알게 된 것은 빌이 관리 사무소 접수대에 서 있을 때였다. 빌은 미친 듯이 아들을 찾아다니며 다시 차 쪽으로 달려갔다. 그는 노아가 관리 사무소에 갇혀 있는 침팬지를 보러 갔을 거라는 생각에 극심한 공포가 몰려왔다. 빌은 유인원 옆을 지나가면서 노아에게 너무 가까이 가지 말라고 경고했었다. 침팬지들이 공격적으로 행동하고 있었기 때문이다. 최악의 상황을 두려워하면서 빌은 침팬지 우리를 향해 뛰어갔다.

에단(왼쪽)과 노아가 부모의 어깨 위에서 보는 특별한 경치를 즐기고 있다.

그는 털이 많은 고릴라의 긴 팔 하나가 이파리를 잔뜩 쥐고 있는 노아의 손을 지나 아이의 팔을 창살 사이로 막 잡아당길 때 도착했다. 다른 침팬지들도 소리 지르고 이로 깨물며 그 공격에 가담하고 있었다. 빌은 침팬지들을 쫓아내고, 노아를 안전하게 빼냈다. 노아의 팔에서 쏟아져 나오는 피를 막기 위해 사용할 만한 것은 수건과 얼음뿐이었다.

관리 사무소에 있는 사람들은 공원에서 북쪽으로 16킬로미터 가량 떨어진 적십자사 캠프에서 치료를 받을 수 있다고 빌에게 알려주었다. 거기서 수단 출신 의사가 알코올과 거즈로 노아의 상처 스무 군데를 소독해주었다. 그러고 나서 빌은 노아를 키갈리로 데려갔다. 그곳에서 파자마를 입은 가족 주치의가 밤 10시에 노아의 상처들을 자세히 검사했다. 의사는 노아에게 용감한 어린 소년이라고 말해주었으며, 감염을 막고 고통을 가라앉힐 몇 가지 약을 처방해주었다.

노아가 아카게라에서 공격을 당한 지 얼마 안 돼서 노아는 니웅웨에서 에이미와 함께 걷다가 침팬지 몇 마리를 발견했다. 노아가 불안해할지도 모른다고 걱정하면서 에이미는 동물들을 다시 보니 기분이 어떠냐고 물었다.

"좋아요." 노아가 말했다.

"두렵지는 않고?" 에이미가 물었다.

"아니요. 아카게라의 침팬지는 우리 안에서 지내는 바람에 미쳐버렸어요. 이 침팬지들은 자기 집에 있기 때문에 행복해요."

노아의 말은 엄마 귀에 음악처럼 아름답게 들렸다. 에이미는 니웅웨가 수백 마리의 '행복한' 침팬지의 서식지이고, 숲에서 침팬지들을 보는 게 특별한 선물이라고 여겼다.

가족이 그룹 5를 방문한 어느 날, 호기심 많은 어린 고릴라 캔츠비가 노아의 신발 끈을 풀려고 했다.

얼마 후, 에이미와 빌은 에이미의 가족이나 다름없는 그룹 5 고릴라들을 만나러 노아를 데리고 갔다. 에단도 데려가고 싶었지만 크고 힘센 유인원 무리 근처에 제멋대로 돌아다니는 유아를 두는 것은 매우 위험한 일이었다. 노아도 고릴라들을 약간 두려워했다. 특히 파블로가 돌격하는 척했을 때는 더 그랬다. '늘 난리를 피우는 파블로답네.' 하고 에이미는 생각했다.

그때 일곱 살 먹은 캔츠비가 노아의 신발 끈을 풀려고 했다. "노아야, 걱정하지 마. 캔츠비는 그냥 놀려고 그러는 거야." 에이미가 아이를 안심시켰다. 노아가 여전히 무서워하는 기색을 보이자, 빌은 마치 새끼를 보호하는 실버백처럼 두 팔과 두 다리로 떡하니 버티고 서서 아들을 호위했다.

마법의 원숭이들

몇 달이 지나면서 에이미는 니웅웨의 비밀을 일부 밝히기 시작했다. 르완다로 오기 전에 그녀는 다른 과학자들로부터 숲에 사는 콜로부스원숭이에 관한 소문을 들었다. 콜로부스원숭이는 대개 몸 색깔이 흑백이지만, 특히 니웅웨의 콜로부스원숭이는 독특했다. 칠흑같이 까만 털이 어깨부터 품위 있게 늘어진 긴 흰색 털과 대비되었다. 뺨에서 튀어나온 어릿광대 같은 두 가닥 흰 털 수염 때문에 녀석들의 심각한 표정이 이상하게 보인다. 그 원숭이들이 한 우듬지(나무줄기의 끝부분)에서 다음 우듬지로 껑충 뛰어넘을 때에는, 바람에 나부끼는 꼬리 위의 수북한 흰색 깃털이 보인다.

이것은 에이미가 원숭이의 움직임을 추적하면서 몇 달 동안 보았던 장면이었기 때문에 그녀는 그 무리의 수가 얼마나 많은지 파악할 수 없었다. 그러던 어느 날 변화가 있었다. 원숭이들이 캐노피의 커다란 틈을 향해 가고 있다는 것을 그녀가 알게 된 것이다. 녀석들이 길을 건너려면 땅으로 내려와야 했다. 에이미 입장에서는 머릿수를 셀 수 있는 절호의 기회였다.

그녀는 제시간에 맞춰 그 길에 도착하기로 다짐하면서 숲을 뚫고 달려갔다. 에이미는 두근거리는 가슴을 안고, 원숭이들이 가장자리에 있는 나무에 모이기 시작하기 바로 직전에 그 길에 도착

콜로부스원숭이들이 니웅웨 숲에 있는 나뭇가지에 몰려 있다. 에이미가 숲에서 야생동물을 조사하던 어느 날, 그녀는 한 무리에서 353마리의 콜로부스원숭이를 셌다.

했다. 그녀는 숨을 죽이고 기다렸다.

마침내 원숭이 무리 중 한 마리가 첫 번째 점프를 시작했다. 한 마리씩, 다른 원숭이들도 뒤를 따랐다. 에이미는 이리저리 나부끼는 흰색 망토 같은 털과 꼬리가 달린 검은 몸통이 마구 땅으로 쏟아지듯이 점프했다가 건너편으로 줄지어 가는 모습을 지켜보며 수를 셌다. 하나, 둘, 셋, 열, 스물, 서른, 백, 이백, 삼백, …… 그 무리의 전체 원숭이 353마리가 건너편으로 이동하기까지는 2시간 30분이 걸렸다. 에이미는 이렇게 많은 원숭이를 보리라고는 꿈에서도 생각하지 못했다! 그녀의 생각이 맞았다. 니웅웨는 특이한 야생동물로 가득한 마법의 장소였다.

니웅웨의 동식물

니웅웨 숲은 아프리카에 남은 산악 열대 우림 중 한 곳이다. 이 다채로운 생태계에 다양한 식물과 야생동물이 서식하는데, 나무 190종, 난 100종, 새 275종, 영장류 13종, 그리고 표범, 코끼리, 멧돼지, 영양 등 수많은 포유류가 있다. 아직 확인되지 않은 종들도 아마 더 있을 것이다.

술 장식이 달린 난초.

봉선화의 여러 야생종의 하나로, 꽃 색깔이 모두 다르다.

심포니아 글로불리페라*Symphonia globulifera* 나무. 이 나무의 열매와 씨앗은 몇몇 원숭이의 먹잇감이다.

▲ 여러 가지 색을 가진 풀쐐기, 생물학자들이 규명해야 할 종이다.

◀ 야생 글라디올러스 꽃.

▼ 모든 방향으로 회전하는 눈을 가진 세뿔달린카멜레온.

◀ '물음표'처럼 생긴 꼬리를 가진 산악원숭이.

▼ 붉은 나비. 숲에 100종 이상이 있다.

예상 밖의 전개

1987년 봄, 에이미와 빌은 야생동물보호협회(WCS)에 잠시 들르려고 미국으로 돌아갔다. 이 단체는 니웅웨에서 에이미가 진행하는 연구에 비용을 댔고, 그녀는 일의 진척 상황을 보고해야 했다. 그녀의 발표가 끝나자, WCS 임원들은 그녀가 일을 잘해냈다고 축하하면서 박수갈채와 악수 세례를 퍼부었다.

그들은 빌에게 업무를 제안했는데, 빌이 그 단체의 국제 프로그램 부국장을 맡아주기를 원했다. 에이미는 빌이 그 직책을 맡을 만하다고 생각했다. 무엇보다도, 그는 대단한 일을 하나 진행하던 중이었다. 흔히 간과하던 환경 보호의 사회 경제적 측면을 다루는 내용이었다. 빌은 개발, 토지 이용 및 대중의 인식이 야생생물에 어떤 영향을 끼치는지 연구했다. 에이미는 협회 간부에게 자기도 채용해달라고 부탁했다. 그러나 그들은 작은 부서에서 부부가 너무 가깝게 일하는 게 좋지 않을 거라고 대답했다. 에이미는 실망했지만 빌을 생각하면 행복했다. 빌은 늘 그녀의 일을 지원해왔으며, 이번에는 그녀가 경력에 큰 획을 긋는 남편의 모습을 지켜볼 차례였다.

미국식 선물

르완다를 떠나기 전에 에이미와 빌은 니웅웨 바로 동쪽에 있는 녹차 농장의 조그만 별장으로 이사했다. 거기서 에이미는 조사 작업을 마칠 때까지 숲에 쉽게 접근할 수 있었다. 빌은 아이들과 산책을 오래 했고 농장을 교차하는 길을 따라 자전거를 타고 달렸다. 르완다에서 보낸 마지막 몇 달 동안 노아와 에단은 가장 친한 친구가 되었다.

아이들은 평소 농장에서 일하는 르완다인 알렉시Alexi와 쥐스탱Justin의 뒤를 따라다녔다. 자그마한 동행자들을 즐겁게 해주는 것이 두 사람에게는 좋은 오락거리였다.

그들은 노아와 에단에게 괭이질, 과일과 채소 양동이 운반, 장작 패는 일을 맡겼다.

한편 에이미와 빌은 노아가 미국의 영어권 학교에 다니게 될 때를 대비해 미리미리 준비했다. 노아는 루헨게리에서는 프랑스 유치원에 다녔다. 그다음 해에는 키갈리에 있는 벨기에 학교를 주당 6일 다니며 1학년을 보냈다. 르완다에서 보낸 마지막 6개월 동안에는 빌과 에이미가 노아를 가르쳤는데, 영어와 수학 실력을 기르는 데 전념했다. 에이미와 빌은 수업을 재미있고 흥미롭게 진행했다. 예를 들어, 노아가 실수하지 않고 줄넘기를 몇 번이나 할 수 있는지 세는 걸 숙제로 냈다. 매번 줄넘기를 시도한 후 노아는 횟

수를 기록했다. 그런 다음 그 숫자로 평균을 계산하고 그래프 그리기를 연습했다.

에이미와 빌은 아이들에게 미국의 기념일을 소개하기도 했다. 핼러윈에는 호박 같이 생긴 조롱박에 얼굴을 새겼다. 크리스마스에는 손으로 만든 장식품, 소나무에서 자른 나뭇가지, 벽난로 위에 매달아놓을 붉은 천 리본으로 오두막집을 장식했다. 아이들에게 줄 선물은 의욕을 불러일으키게 하는 일이었다. 현지 시장에서 구입할 수 있는 장난감은 거의 없었다. 그래서 마지막 크리스마스 날에 에이미와 빌은 풍선을 잔뜩 사서 크리스마스 아침 아이들과 발리킥 놀이(공이 땅에 닿기 전에 치거나 또는 차 보내는 놀이—옮긴이)를 할 만한 크기가 될 때까지 풍선들을 불어댔다.

에단(오른쪽)과 노아가 아프리카에서의 마지막 크리스마스 날 아침에 풍선, 영어책, 수입 사과와 오렌지 같은 몇 가지 신기한 선물들을 받고 기뻐하고 있다.

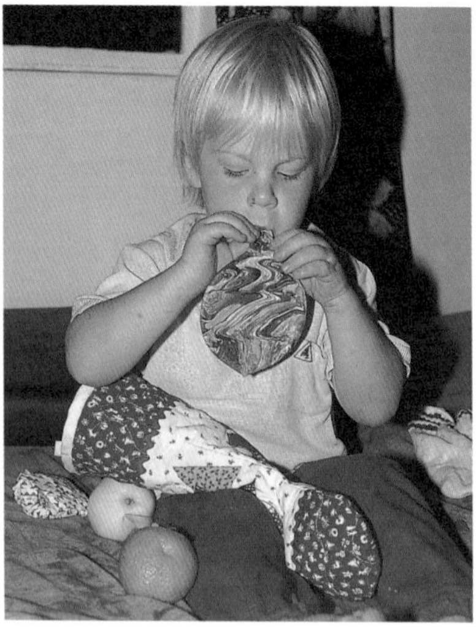

집으로 돌아가다

몇 주 후 에이미는 공항에서 미국행 비행기에 탑승하는 빌과 아이들에게 아쉬운 작별 인사를 했다. 그런 다음 그녀는 조사 작업과 르완다인 교육을 마무리 짓기 위해 니웅웨로 돌아왔다. 빌은 플로리다에 있는 아이들의 외조부모 댁에 노아와 에단을 맡긴 후 뉴욕으로 떠났다. 새로운 일을 시작하기 위해서, 또 브롱크스 동물원에서 반경 30킬로미터 이내에 가족이 살 집을 마련하기 위해서였다.

에이미는 노아와 에단이 외할아버지와 외할머니를 더 잘 알 수 있게 되어 기뻤다. 하지만 르완다에 남아 있는 것이 죄책감을 불러일으키기도 했다. 노아가 불만에 가득 차 있고 학교생활에 잘 적응하지 못한다고 친정엄마가 전해주었을 때 특히 그랬다.

노아의 외할머니 매리언은 노아의 선생님과 면담을 하기 전까지는 도대체 무슨 일이 일어나고 있는지 몰랐다. 선생님은 노아가 같은 반 아이들에게 이야기를 지어내서 말한다고 했다. "노아는 자기가 아프리카에 살았고, 정글에서 놀았다고 얘기해요."

"맞아요. 그랬어요." 매리언이 대답했다.

"그 애는 또 자기가 침팬지한테 물렸다고도 말했어요." 선생님이 말했다. "아이들이 그 말만은 정말로 믿지 못하겠대요."

"맞아요. 그것도 사실이에요." 매리언은 선생님에게 확인해주었다. “그 애의 팔에 나 있는 흉터를 보세요.”

에단도 힘든 나날을 보냈다. 그 애는 노아와 외조부모하고 같이 살던 짧은 기간 동안 독감에 걸려 골골댔다. 매리언이 에단을 꼭 껴안고 편안하게 해주려고 하자, 에단은 “외할머니가 내 가장 친한 친구예요. 알죠?”라고 말했다. 그 이야기를 듣고 에이미는 울컥해졌다.

1988년 3월, 에이미는 마침내 뉴욕에서 빌과 아이들과 만나 같이 살게 되었다. 그들은 뉴욕의 조용한 거리에 있는 집으로 이사했다. 그 집은 노아와 에단이 앞으로 졸업할 고등학교에서 엎어지면 코 닿을 곳에 있었다.

에이미는 대학원 수업을 모두 마쳤지만 박사학위를 받으려면 할 일이 하나 더 있었다. 그녀는 위스콘신 대학교의 교수들 앞에서 박사학위 논문을 발표하고 연구 작업과 관련한 질의응답을 주고받아야 했다.

그녀는 마지막 중요한 단계를 거쳐 1989년에 동물학 박사학위를 받았다.

빌이 동물원의 새로운 일에 적응하는 동안 에이미는 근처 포드햄 대학교의 학생들에게 생태학 수업을 가르치기 시작했다. 하지만 에이미의 교수직 경력은 그리 오래가지 못했다. 일 년도 안 돼서, 동물원 측은 부부가 함께 일하는 것이 문제를 일으킬 것이라는 애초의 생각을 바꿨다. 그들은 에이미에게 빌과 함께 일하는 업무를 제안했다. 대규모 개발업자들이 전 세계 야생생물 보존에 끼치는 영향에 초점을 맞추는 일이었다. 몇 가지 업무 덕분에 에이미는 마음의 고향 르완다를 업무차 갈 수 있게 되었다.

다행히 에이미는 학살이 시작된 1994년에는 르완다 근처에 없었다.

에이미의 친구와 동료 중에도

많은 이가 살해되거나 실종되었다.

수많은 십자가들이 보이는 르완다의 공동묘지.

11장

게릴라 전쟁

그들은 석고 마네킹처럼 보였으나 아니었다. 그들은 시체였다. 공동묘지에서 발굴되어 회색 방부제로 뒤덮인 시체들이 무람비 학교의 78개 교실에 있는 책상 위에 펼쳐져 있었다. 그들은 르완다에서 벌어진 인종 청소의 실상을 알려주는 충격적이고 놀라운 증거물이었다. 인종 청소나 대량 학살은 인종이나 종교적 신념 때문에 사람들을 처형하는 것을 말한다.

학교에 전시된 시체들은 살아 있었을 때 어머니, 아버지, 그리고 어린아이였을 것이다. 그들은 죽어서 희생자들이 안치된 새로운 국립 기념관의 일부가 되었다. 1994년 3개월에 걸친 피의 숙청 기간 동안 잔인하게 살해된 이들은 80만 명이 넘었다.

1994년 대량 학살 당시 르완다에서는 80만 명이 살해되었다. 위 사진은 한 희생자의 집 사진이다.

열두 군데 이상의 학교 교실을 천천히 둘러보던 에이미는 보존된 시신의 모습과 냄새 때문에 메스꺼움을 느꼈다. 그녀는 먼저 소름끼치는 사망자 수를 목격했다. 이 사람들은 무람비 학교를 몸을 숨길 만한 안전한 장소로 여겼을 것이다. 르완다에는 두 그룹의 주요 인종, 즉 후투족과 투치족이 있었다. 이제 이 학교는 후투족이 아니라 투치족이었기 때문에 생애가 짧아진 모든 희생자를 떠올리게 하는 섬뜩한 장소가 되었다.

미국 신문들은 종종 르완다의 대학살을 투치족과 후투족의 '종족' 간에 벌어진 극단적인 내전이라고 보도했다.

그러나 그 설명은 잘못된 것이다. 진실은 훨씬 더 복잡했다. 두 종족은 문화, 언어, 종교를 공유하며 수백 년을 공존해왔다. 후투족은 르완다에 처음 정착했던 사람들이다. 그들은 튼튼한 체격에 대대로 농사를 짓고 살아왔다. 가축을 키우던 투치족은 대체로 키가 크고 호리호리했는데 나중에 이곳으로 이주했다.

후투족과 투치족 사이의 주요 문제는 독일이 르완다 지배권을 벨기에로 넘긴 제1차 세계대전 말기에 드러났다. 수십 년 동안 벨기에 사람들은 투치족을 통해 간접적으로 이 나라를 지배했다. 투치족은 후투족보다 상업과 교육에서 더 좋은 기회를 누렸다. 그러나 이러한 벨기에의 투치족 편애 정책에 후투족은 분노

했다.

1950년대에 후투족은 더 나은 처우를 요구하기 시작했다. 나아가 후투족은 국가 독립을 주장하기에 이르렀다. 1959년 후투족의 폭동으로 투치족 수만 명이 살해되었다. 수십만 명의 투치족은 조국 르완다로 언젠가 되돌아오겠다는 맹세와 함께 인접 국가인 부룬디, 우간다, 콩고로 도피했다.

게릴라 전사들

에이미가 뉴욕으로 돌아온 지 불과 몇 달 후인 1990년 10월 1일에, 군복을 입은 투치족 수백 명이 르완다 국경을 급습했다. 르완다 애국전선RPF으로 알려진 이 남자들은 자기들의 나라라고 여겼던 곳을 탈환하기 위해 르완다로 돌아왔다.

첫날 RPF는 르완다로 약 64킬로미터를 침투해 아카게라 국립공원 본부를 점령했다. 그곳은 갇혀 있던 침팬지로부터 노아가 살아남은 장소였다. 둘째 날 RPF의 현장 리더가 사망해서 공격이 잠시 중단됐다. RPF 게릴라들은 대부분 우간다로 다시 후퇴했다.

수천 킬로미터 떨어진 곳에서 에이미는 이 사건이 뉴스에 나오는 것을 지켜보았고 르완다인 친구들과 동료들을 걱정하는 만큼이나 르완다의 고릴라들과 고릴라를 보호할 책임이 있는 공원 직원들이 걱정됐다. 그녀는 모두 안전하기를 빌었다.

3개월 후, 1991년에 RPF가 다시 공격했다. 이번에 RPF는 르완다의 루헨게리시에서 무기와 탄약, 차량, 휘발유 등을 탈취했다. 그곳은 에이미가 가족과 함께 살았던 곳이다. RPF는 또한 비룽가 숲을 따라 후퇴하기 전에 루헨게리 감옥에서 약 1000명의 투치족 포로를 풀어줬다. 공격 재개 후 후투족 사람들은 투치족 이웃들을 의심하게 되었다. 며칠 사이 후투족은 투치족 300명을 살해했다.

악화

적대 행위가 일어나기 전, 에이미와 빌은 아이들이 여름방학을 맞이할 때마다 르완다에 가서 살 계획이었다. 갈등이 시작되자 그 계획을 취소했지만 에이미는 보존 활동을 위해 르완다를 정기적으로 방문했다. 1991년 6월에 5주간의 여행을 마친 후, 그녀는 그 나라의 상황이 점점 호전돼간다고 생각했다. 지난해 벌어진 정치적 문제들이 잠잠해진 것 같았다. 잠정적으로 평화 협정이 진행되고 있었다.

그러나 그녀가 1993년 여름, 23일간 예정으로 르완다에 갔을 때 상황은 다시 악화되었다. 그해 초반에, RPF는 비룽가 지역 전체를 점령한 다음 고릴라들의 운명을 불확실하게 하는 또 다른 대규모 공격을 시작했다. 수도 키갈리에서 한밤에 총소리와 수류탄 소리가 울려 퍼졌다. 정치 시위는 종종 유혈 사태로 끝났다. 에이미는 니웅웨에서 동료들과 간신히 연락이 닿았으나, 통행은 제한되고 점점 더 위험해졌다.

거의 일 년이 지난 1994년 4월 6일, 르완다 후투족 대통령 쥐베날 하브자리마나Juvenal Habyarimana를 태운 제트기가 지상에서 발사된 미사일 두 발에 맞아 공중 폭발했다. 그가 암살된 후 몇 시간 만에 투치족 학살이 르완다 전역을 휩쓸었다. 100일 동안 10초마다 한 건씩 살인 사건이 발생하여 투치족 사망자는 총 80만 명에 이르렀다.

미국인들은 1994년 봄 르완다에서 자행된 인종 청소에 대해 대부분 몰랐지만, 에이미와 그녀의 가족은 충격과 두려움의 상태에 빠지게 되었다. 노아는 이렇게 물었다. "저스틴과 녹차 농장 사람들은 모두 괜찮을까요?", "내 친구 가엘은 어때요? 우리 유모 클레망틴은요?"

에이미는 무슨 말을 해야 할지 몰랐다. 어떻게 해야 친구들과 동료들이 이 악몽에서 살아남을지 도저히 알 수가 없었다. 그녀는 그런 학살 행위가 고릴라에게 어떤 영향을 끼칠지 묻는 기자들의 질문을 묵살했다. 이렇게 많은 사람이 죽어가는 마당에 동물 보존을 운운하는 게 잘못된 것처럼 보였다.

그곳의 복잡한 역사를 정확하게 설명하지는 못했지만, 에이미가 할 수 있었던 일이라곤 신문 기사를 오려 체계적으로 정리하는 것뿐이었다. 그녀는 아카게라강을 따라 빅토리아 호수까지 떠내려가는 수많은 시체를 찍은 CNN 영상을 절망적인 마음으로 시청했다.

안전한 피난처는 없었다

관광 안내원 에마뉴엘 무랑기라는 무람비 학교에서 투치족 2만 7000명이 대량 학살된 3일 사이에 자신이 얻게 된 이마의 상처를 보여줬다. 무랑기라는 몇 명 안 되는 생존자 중의 한 사람이었다. 그의 가족 중 48명이 살해되었다.

에이미가 1999년 르완다로 돌아왔을 때, 무람비 학교의 시체와 관광 안내원의 이마에 난 총알 상처는 대규모로 자행된 대량 학살의 공포를 여실히 보여주었다. 안내원 에마뉴엘 무랑기라Emmanuel Murangira는 에이미에게 새로 연 기념관 주변을 보여주었다. 그의 이야기에 따르면, 당시 무장한 사람들이 투치족 수만 명에게 학교 안으로 가면 보호해주겠다고 약속했다. 그러나 그것은 속임수였다. 무장한 사람들의 역할은 아무도 탈출하지 못하게 하는 것이었다.

르완다 정부 군인들이 도착해 사람들에게 소총과 수류탄을 발포했다. 곧이어 현지 후투족 남자들이 합류해 마체테 칼로 투치족 사람들을 난도질하고 창으로 찔러 죽였다.

끔찍한 살인은 3일 동안 계속되었다. 극소수 사람들만 살아남았고, 에마뉴엘 무랑기라도 그 생존자 중 하나였다. 머리 상처로 피를 흘리며 죽음만 기다리고 있을 때, 그는 밤에 학교에서 기어 나와 학살이 끝날 때까지 근처의 나무 무더기 속에 숨어 있었다. 에마뉴엘은 죽은 사람과 부상당한 사람들이 거대한 참호에 던져

무람비 학교 부지 내 78개 교실에 3000명의 대량 학살 희생자 유해가 전시되었다.

져 매장되는 동안 무력하게 그곳에 누워 있었다. 매장되는 사람들 중에 그의 가족 48명이 포함되어 있었다.

무람비 학교는 그곳에서 살해된 2만 7000명의 사람들을 기리기 위한 기념관이 되었고, 에마뉴엘의 어머니, 아버지, 형제 등 발굴된 3000명의 유해가 그곳에 전시되었다. 그 시신들은 1994년 100일 동안 대량 학살된 투치족 수십만 명 중 일부에 불과했다.

대량 학살의 결과

겨우 몇 달 만에 르완다의 인구는 760만 명에서 480만 명으로 크게 감소했다. 이는 16년 전 에이미가 카리소케에 처음 도착했을 때와 같은 숫자였다. 에이미의 친구와 동료 중에도 많은 이가 살해되거나 실종되었다.

뒤이어 몇 년 동안, 비룽가 고릴라에 관한 양상이 상당히 달라졌다. 1990년에 발생한 적대 행위 이후, 양쪽 진영은 마운틴고릴라를 보호하기 위해 할 수 있는 모든 일을 다 하겠다고 약속했다. 유인원에 대한 배려는 국가 경제에 대한 우려와 직접 연관되어 있었다. 고릴라는 르완다에서 커피와 녹차에 이어서 세 번째로 큰 수입원이었다.

전투가 끝난 후에 보니, 반란군이 약속을 지킨 것으로 밝혀졌다. 르완다 내전과 뒤이은 대량 학살 기간 중 오직 한 마리의 마운틴고릴라만 살해되었다.

빌은 그녀에게 충고했다.

"우리가 왜 이 일을 하는지 잊지 마. 현장에 나갈 시간을 내야 해."

그래서 에이미는 가능한 한 자주 아프리카로 돌아갔다.

에이미가 르완다의 한 학생이 검은색 빰을 지닌 맹거베이를 관찰할 수 있도록 도와주고 있다. 그녀는 교육이야말로 야생동물 보존의 핵심이며, 교육이 어린이들에게 마운틴고릴라 같은 토착 야생동물의 진가를 알게 해준다고 생각한다.

12장

파블로의 놀라운 성장

대량 학살의 충격은 르완다 너머 더 멀리까지 영향을 끼쳤다. 학살이 시작되자 약 200만 명의 사람들이 도망쳤다. 그들 중 많은 수가 국경을 넘어 콩고 동부로 몰려갔다.

토착 야생동물 마운틴고릴라.

대량 학살을 겪은 후 몇 해 동안 에이미는 르완다를 여러 차례 방문했는데, 난민 캠프를 지나면서 보게 된 사람들의 차분한 모습에 놀랐다. 그들은 2년 동안 수용 시설에서 지냈고 고통을 많이 겪었다. 하지만 그들은 '일시적인 줄 알았으나 그렇지 않은' 생활 조건에서 나름대로 최선을 다하는 것 같았다. 많은 사람이 서로 이야기를 나누고 서성대며 돌아다녔다. 아이들은 임시 천막 사이에서 줄을 지어 놀았다.

친숙한 땅

에이미는 그라우어Grauer고릴라 조사를 수행하는 야생동물보호협회 팀원으로서 카후지-비에가Kahuzi-Biega 국립공원을 방문하고 있었다. 공원에 도착했을 때, 에이미는 평화봉사단 자원봉사자로 이 지역을 처음 방문했던 것을 떠올렸다. 그녀가 여기서 야생 고릴라를 처음 본 이후 20년 동안 많은 것이 변했다. 전쟁 당시 수천 마리의 카후지 고릴라가 포획됐다. 총을 가진 반란군들은 자금을 빨리 마련하려고 일부 고릴라를 죽인 다음, 암거래 시장에 그 부위를 팔았다.

고릴라가 얼마나 남았는지 아무도 몰랐다. 그러나 산지 개체 수 조사 결과 큰 폭으로 감소한 것으로 드러났다. 공원 직원은 고릴라 보호에 전념했다. 많은 사람이 전쟁 때, 심지어 급여가 끊겼을 때도 공원을 지키려고 머물렀다.

아직 이 지역의 정치 상황이 정상으로 돌아간 것은 아니었다. 조사 작업으로 몇 주를 보내는 동안, 현지 콩고인들이 에이미 팀에게 곧 분쟁이 일어날 것 같다고 말해주었다. 조사를 끝내고 얼른

1996년에 에이미와 동료 연구원들이 자이레의 카후지-비에가 국립공원에서 고릴라 개체 수를 조사하다가 잠시 휴식을 취하고 있다.

이 나라를 떠나는 편이 낫다고 말이다. 미국인들의 목숨에 1000달러의 현상금이 걸렸다는 소문도 전했다. 에이미와 미국 연구원 세 명은 불안하기는 해도 지나치게 걱정하지는 않았다. 그런 소문이야 늘 있어왔다. 어느 날 밤 모닥불 주변에 앉아 있을 때, 누군가가 외쳤다. "와우, 1000달러라니! 여기만 해도 바로 4000달러를 벌 수 있겠군!"

그 소문이 여러 나라의 신문에 실렸다는 사실은 아무도 몰랐다. 집에 있던 에이미의 어머니는 빌에게 "에이미가 그곳에 있지 않니?"라며 걱정스럽게 물었다. 빌은, 에이미는 괜찮을 거라고 장모를 안심시켰다. 그러면서도 몇 주 후에 그녀가 무사하게 집으로 돌아오자 크게 안도했다.

하이킹 부츠에서 꽃무늬 치마까지

1993년, 르완다 대학살이 일어나기 일 년 전에 에이미는 야생동물보호협회의 아프리카 프로그램을 감독하던 빌의 지위를 넘겨받았다. 남편은 그녀에게 충고를 하나 해주었다. “우리가 왜 이 일을 하는지 잊지 마. 현장에 나갈 시간을 내야 해.” 그래서 에이미는 가능한 한 자주 아프리카로 날아가 고릴라, 코끼리, 영양에서부터 개코원숭이, 침팬지, 부시피그에 이르기까지 모든 것을 연구하는 WCS 연구원들을 방문했다. 그녀는 또한 공무원들을 만나는 데도 시간을 할애했다. 이는 그녀가 하루는 땀에 젖은 진흙투성이 야전복을 입고 덤불 속을 터벅터벅 지나다가, 다음 날은 치마와 블라우스, 샌들에 귀걸이를 한 채 영향력이 큰 토론회를 주관했다는 것을 의미했다.

노아와 에단은 엄마가 한 달이 넘게 걸리는 여행을 떠나는 것에 익숙해졌다. 에이미가 집에 있을 때는 빌이 WCS의 북아메리카 프로그램 책임자로서 업무차 출장을 떠나곤 했다. 에이미와 빌은 원하는 만큼 서로를 보지는 못했지만, 아이들 숙제를 도와주거나 라크로스와 축구를 가르칠 수 있도록 두 사람 중 한 명은 반

드시 아이들과 함께 집에 있는 방식으로 여행 일정을 조정했다.

부모 중 한 명이 없어도, 아이들은 나머지 한 명과 온전히 함께 할 수 있었다. 그 결과, 아이들은 양쪽 부모 모두와 강한 유대 관계를 형성했다.

정글을 브롱크스로 가져오다

야생동물보호협회가 뉴욕시의 브롱크스 동물원에 기반을 두고 있기 때문에, 에이미의 업무 중 일부는 동물원 직원들과 함께 '야생동물 보존'의 필요성을 동물원 방문객에게 알려주는 전시관을 기획하는 것이었다. 1990년대 후반, 그녀는 동물원에서 아프

에이미와 콩고 대통령이 1999년 6월에 브롱크스 동물원의 콩고 고릴라 숲 전시관 개관을 축하하는 사절단을 인솔하고 있다.

리카 콩고 숲의 경이로움을 선보이는 것을 목표로 한 '특별 전시관' 건립에 일조했다.

동물원 방문객들은 나뭇잎과 가지로 이루어진 덮개 아래쪽에 안개가 자욱한 아프리카 열대 우림의 중심부를 가로지르는 코끼리 발자국을 따라 구불구불 앞으로 나아간다. 그 길을 따라 가면 나오는 곳은 에이미 베더의 사진첩에 나오는 한 페이지와 같다. 거기에는 골로부스원숭이로 가득 한 거대한 나무, 노아와 에단이 예전에 함께 놀았던 30센티미터 크기의 노래기millipede, 다양한 맨드릴개코원숭이mandrill 대가족에 둘러싸인 샛강 바닥이 있다.

마지막에 방문객들은 어두컴컴한 원형극장으로 간다. 거기서 방문객들은 에이미를 주연으로 하는 감동적인 8분짜리 영화를 본다. 이 영화는 동물원 방문객들을 덤불숲으로 데려간다. 그곳에서 코끼리 한 무리가 물구멍으로 먹이를 먹고, 고릴라 가족이 울창한 나무숲을 가로질러 정처 없이 걸어 다닌다. 에이미와 콩고인 연구원은 고릴라들을 추적하다가 고릴라가 전날 밤에 잠을 잤던 잎의 둥지 옆에서 엽총 탄피를 발견한다. 그러면 객석의 아이들은 '헉' 하고 숨을 죽인다.

그러나 이 영화는 고릴라 보존을 염원하는 희망의 메시지로 마무리된다. 화면이 검은색으로 희미해지면서 거대한 커튼이 스르륵 열리고 풀밭에서 평화롭게 쉬고 있는 고릴라 가족이 나타난다.

전시관 대부분은 두 고릴라 대가족에게 자연스러운 환경을 제

'브롱크스의 콩고' 거주자들은 저지대 고릴라와 그 밖의 영장류, 다양한 조류, 맨드릴개코원숭이, 덤불멧돼지, 양서류, 파충류 등이다.

공하도록 고안되었다. 젊은 고릴라들에게 완벽한 정글 체육관 기능을 하는 거대한 나무, 폭우가 내릴 때 마른 장소를 제공하는 속이 텅 빈 나무 몸통, 오전 중간쯤에 아늑하게 낮잠을 잘 수 있는 풀이 무성한 개간지 등이 있었다.

콩고 전시관 여기저기에 깃든 주제는 '발견, 참여, 보호'다. 이는 에이미의 좌우명이기도 하다. 다시 말해서, 사실을 발견하고 (야생동물 연구), 지역 주민을 참여시키고, 야생동물과 서식지를 보호하는 것이 콩고 전시관의 주제였다.

전시회가 끝나면 방문객들은 입장료 3달러를 아프리카의 야생 동물 보호를 위해 어떻게 사용할 것인지를 두고 투표한다. 1999년 전시관 건립 이래, 이 입장료는 숲의 보호 지역을 순찰하고 밀렵꾼들을 쫓아내는 아프리카인 '생태 경비원'의 임금에 자금을 지원했다. 이 전시관의 또 다른 성과는 한 구역의 야생 숲을 진짜 야생 상태 그대로 보존해 그곳에 살고 있는 침팬지, 고릴라, 코끼리가 사람을 거의 볼 수 없게끔 한 것이다.

더욱 큰 목표

1999년 에이미는 WCS에서 새 직책을 얻었다. 그녀는 북아메리카에서 아시아에 이르는, 야생생물과 사람들이 충돌하는 많은 지역의 프로젝트를 감독하게 되었다. 이 프로젝트 중 하나는 옐로스톤 국립공원 광역생태계와 관련이 있다. 그곳에서 청년이 된 노아가 코요테와 가지뿔영양pronghorn을 연구하는 현장 연구원 그룹에 합류했다. (에단 역시 과학에 관심을 보이며, 과학 교사가 되기 위해 대학에 갔다.) 또 다른 보존 프로젝트는 애디론댁 산맥에 기지를 두고 있는데, 그곳은 에이미와 빌이 머무는 가족 오두막에서 멀지 않았다.

에이미는 아직 가보지도 않은 곳들의 보존 작업도 감독했다. 이 프로젝트는 벨리즈 해안의 산호초에 서식하는 해양 생물에서부터 아마존 열대 우림에 있는 재규어, 앵무새, 원숭이까지, 그리고 아프리카의 코끼리, 유인원 및 나일 강의 악어에서부터 몽골 가젤에 이르기까지 모든 야생동물 보호를 목표로 했다. 그럼에도 르완다는 여전히 에이미의 마음에서 결코 멀어지지 않았다.

고릴라 왕국

에이미 베더는 몇 년 동안 여러 번 르완다로 돌아갔다. 2000년에 그녀는 옛 친구의 안부를 확인하려고 비소케산으로 갔다. 그녀는 산으로 올라가는 오솔길에서 암벽, 쓰러진 나무들, 부츠를 빨아들이는 진흙 등 친숙한 것들을 많이 발견했지만, 그 경로의 그늘이 예전보다 줄어들었다는 것을 알았다. 대량 학살 시기 이후에 나무가 많이 벌목되었다.

비소케의 정상에서 에이미는 희박한 산 공기를 들이마셨다. 생각했던 것보다 숨 쉬기가 힘들었다. 근처에 있는 게 분명한 고릴라들의 소리를 듣기 위해 귀를 기울였다. 저벅저벅하는 고릴라의 발소리가 들리자 에이미의 심장 박동이 빨라졌다. 살금살금 걸어 빽빽한 수풀을 지났더니 꿈결 같은 장면이 나타났다. 덩치가 크

해피엔딩? 파블로(왼쪽)는 성장해서 대규모 마운틴고릴라 가족을 이끌었다. 뒤이어 캔츠비(오른쪽)가 파블로 왕국의 우두머리가 되었다.

고 털이 많은 마운틴고릴라 수십 마리가 산등성이에 모여 먹이를 먹고 있었다.

에이미는 그 무리를 대충 훑어보고 파블로, 즉 22년 전에 에이미를 어머니로 맞이하려 했던 장난기 많은 고릴라를 발견했다. 이제 파블로는 자기 가족을 거느린 우두머리 실버백이 되었다. 한때 이 어린 유인원이 자기 종족을 이끌 수나 있을까 했던 에이미의 막연한 걱정을 잠재운 채, 파블로는 44마리 마운틴고릴라 가족의 왕 같은 우두머리가 되었다.

언젠가 파블로는 예전의 자기 아비처럼 더 젊고 더욱 활기찬 통

치자에게 자리를 양보할 것이다. 실제로, 2003년 에이미가 빌, 노아, 에단과 함께 다시 방문했을 때, 파블로는 더 젊은 실버백에게 자리를 내주었다. 새 우두머리 역시 에이미의 가족이나 다름없던 캔츠비였다. 캔츠비는 신발 끈을 풀려고 해서 다섯 살짜리 노아의 담력을 테스트했던 바로 그 고릴라였다.

파블로 왕국의 우두머리 캔츠비와 함께, 그룹 5는 고릴라 51마리로 늘어났다!

실제로, 비룽가 산맥의 총 고릴라 수는 1978년 260마리에서 2004년 380마리로 늘어났다. 에이미는 파블로와 다른 고릴라들이 너무나도 큰 혼란에 직면했어도 모든 예상을 깨고 살아남은 것이 매우 기뻤다. 니웅웨 숲 역시 미래를 위해 보호받는 국립공원이 되었다.

에이미와 빌이 마운틴고릴라 구하는 일을 돕기 위해 르완다에 첫발을 들인 지 많은 시간이 흘렀다. 한때 거의 멸종 위기에 직면했던 마운틴고릴라는 번창하고 있었으며, 그 당시에 개발로 인해 위협받았던 장소는 특별한 야생 거주자들을 위해 보호받게 되었다. 에이미는 상념에 잠겼다. '우리의 노력, 또 수많은 르완다 사람의 헌신적인 노력이 있었기에 이런 변화를 이끌어낸 거야.' 그러고 나서 에이미 베더는 마지못해 발길을 돌려 산을 내려갔다.

감사의 말

에이미 베더는 진정 영감을 불어넣는 사람이었다. 그녀의 멋진 도전과 삶의 교훈들은 나를 사로잡기에 충분했다. 밤낮없이 오랜 시간 이야기를 나눌 수 있었던 그녀의 인내심, 관대함, 의지가 아니었다면, 이 책은 이 세상에 나오지 못했을 것이다. 에이미와 관련된 추억과 이야기를 들려준 빌 웨버, 매리언 베더, 메릴린 베더, 바버라 베더, 노아 웨버에게도 감사의 말을 전한다. 조지 셸러, 존 로빈슨, 오마리 아이램부를 비롯해 야생동물보호협회의 수많은 동료도 큰 도움이 되었다. 그들은 포악한 밀렵 행위와 전쟁의 참상을 무릅쓰면서 아프리카 야생동물을 보호하는 활동가들의 곤경에 대해, 내가 충분히 알 수 있도록 도와주었다. 그 밖에도 과학자 여러 명이 바쁜 와중에도 원고 검토에 시간을 내주었다. 영장류 동물학자 니즈 윌리암슨, 인류학자 콜린 그로브스, 대학원생 코리나 로스가 그들이다. 끝으로, 지원과 격려를 아끼지 않는 남편 마이클 뉴하우스와 가족에게도 정말 고맙다는 말을 전한다.

–러네이

걸어온 길

1951 에이미 베더, 3월 24일에 출생.

1959 세계적인 생태학자 조지 셸러가 일 년 동안 마운틴고릴라를 연구한 다음, 고릴라가 킹콩과 같은 괴물이라는 잘못된 신화를 바로잡음. 그리고 비룽가의 고릴라 개체 수가 대략 400~500마리 사이라는 추정치를 제공함.

1967 다이앤 포시가 고릴라 연구를 위해 아프리카로 떠남.

1969 에이미, 펜실베이니아 스와스모어 대학교에 입학. 신입생 오리엔테이션에서 미래의 남편 빌 웨버를 만남.

1972 6월 3일, 스와스모어교 대학교 잔디밭에서 에이미와 빌 결혼.

1973 에이미, 생물학 학사학위를 받고 졸업. 얼마 지나지 않아 에이미와 빌은 평화봉사단에 가입해 중앙아프리카로 파견됨. 연구원들은 비룽가 마운틴고릴라 개체 수가 250~275마리로 줄어들었고 조만간 멸종될 수도 있음을 알게 됨.

1975 에이미와 빌이 미국으로 돌아옴. 에이미는 고릴라 생태학 연구를, 빌은 야생동물 보존 분야를 공부할 대학원을 찾기로 결정함. 매디슨의 위스콘신 대학교에 입학함.

1977 고릴라 연구자 다이앤 포시 덕분에 유명해진 마운틴고릴라 '디짓'이 르완다에서 살해됨.

1978 에이미와 빌, 다이앤 포시의 카리소케 현장 연구소에 도착. 몇 주 후, 그들은 볼케이노 국립공원에서 불법 포획된 고릴라를 구해서 그 고릴라에게 무웨자라는 이름을 지어줌. 그룹 4 고릴라들이 밀렵꾼에게 학살당함. 빌은 260마리의 마운틴고릴라가 르완다에서 여전히 살아 있다고 결론짓고 고릴라 개체 수 조사

를 마무리함. 이 무리에는 어린 고릴라가 많아서 안정적이라고 판단함.

1979 마운틴고릴라 프로젝트 공식 착수.

1980 노아 게르하르트 웨버, 11월 1일에 출생.

1982 에이미, 위스콘신 대학교에서 동물학 석사학위 취득.

1983 에이미, 아프리카로 돌아가 부룬디에서 4개월 동안 근무.

1985 에단 헬러 베더, 3월 1일 위스콘신주 매디슨에서 출생. 에이미는 에단과 노아와 함께 르완다로 돌아와 빌과 합류함. 12월 26일, 다이앤 포시가 카리소케에 있는 자신의 오두막집에서 살해됨. 에이미는 니웅웨 숲에서 생물학적 조사와 현장 연구 개시.

1987 빌이 야생동물보호협회WCS 국제 프로그램의 부국장직을 제안받음. 에이미는 르완다에 머물며 니웅웨 숲 현장 연구를 끝냄.

1988 에이미, 가족과 다시 만나 뉴욕의 새 집으로 이사. 9월에 포드햄 대학교에서 생태학을 가르치기 시작함.

1989 위스콘신 대학교에서 동물학 박사학위 취득. WCS 생물다양성 프로그램 담당관이 됨.

1990 르완다에서 정치 폭동 발발.

1993 에이미, WCS 아프리카 프로그램 국장으로 승진함.

1994 르완다 대학살 시작. 3개월 동안 투치족 80만 명이 살해됨.

1995 르완다로 돌아와 확인해보니 에이미의 동료와 친구가 많이 실종되거나 대량 학살의 와중에 살해됨. 르완다 전체 인구가 480만 명으로 급감.

1996 콩고민주공화국의 카후지-비에가 국립공원 고릴라 개체 수 조사에 참여함.

1999 브롱크스 동물원에 콩고 고릴라 숲 전시관 건립. 에이미는 WCS의 살아 있는 풍경 프로그램Living Landscapes program의 국장이 됨. 전 세계 보존 프로젝트를 감독하기 시작.

2000 파블로를 방문함. 당시 파블로는 대규모 마운틴고릴라 가족의 우두머리가 됨.

2003 빌, 노아, 에단과 함께 마운틴고릴라를 방문. 파블로의 가족이 더 늘어남.

2005 니웅웨 숲이 국립공원으로 지정됨. 에이미는 아프리카와 미국뿐 아니라 아시아와 남아메리카에서 보존 활동을 이어감.

2008 야생동물협회 부회장직을 맡아 활동함.

2013 예일 대학교 산림환경연구대학원 메클러스키 펠로우 강의 교수로서 학생들을 가르치기 시작함.

용어 설명

이 책은 영장류를 연구하는 한 생물학자를 다루고 있다. 과학 용어의 뜻을 파악하려면 그리스어와 라틴어를 조금이나마 아는 것이 도움이 된다. 생물학부터 시작해보자. 생물학biology은 '생명'을 의미하는 그리스어 'bios'와 '과학'을 의미하는 라틴어 'logia'에서 유래한다. 생물학자는 생명을 연구하는 과학자다.
영장류란 용어, 즉 'primate'은 '첫 번째' 또는 '지도자'를 의미하는 라틴어 'primus'에서 유래한다. 영장류는 유인원ape(꼬리가 없거나 짧은 원숭이 종류—옮긴이), 원숭이monkey(좁은 의미로 꼬리가 있는 유인원의 한 종류—옮긴이), 그리고 인간을 포함하는 포유동물의 일부 계열이다. 따라서 영장류학primatology이란 근세 인류를 제외한 그 밖의 영장류를 연구하는 학문이며, 영장류학자primatologist는 영장류를 연구하는 사람이다.

가설 hypothesis : 관찰이나 실험으로 검증 가능한 가상의 설명이나 이론.
개체 수 조사 census : 한 지역에 거주하는 특정 개체의 수를 공식적으로 조사하는 것.
곤충학 entomology : 곤충을 연구하는 학문. '곤충'을 의미하는 그리스어 'entomon'에서 유래.
덫 snare : 동물을 잡으려고 만든 도구로, 하나 또는 여러 개의 올가미로 이루어진 함정.
동물학 zoology : 동물 연구에 집중하는 생물학의 한 분야.
똥 dung : 동물의 창자에서 나온 폐기물 또는 배설물.

마체테 machete : 농기구나 무기로 사용되는 날이 넓고 무거운 칼.

멸종 extinct : 하나의 식물이나 동물 종이 사멸되거나 사라져 더 이상 존재하지 않는 것. '소멸'을 의미하는 라틴어 'exstinctum'에서 유래.

밀렵꾼 poachers : 불법적인 동물 사냥꾼.

생태학 ecology : 식물, 동물 및 기타 생명체와 환경 사이의 관계를 연구하는 학문. '환경'을 의미하는 그리스어 'oik'에서 유래.

서식지 habitat : 한 동물이나 식물이 살아가는 자연 환경.

실버백 silverback : 등 뒤에 있는 은백색 털로 특별히 구별되는 성숙한 수컷 고릴라.

심폐소생술 CPR, cardiopulmonary resuscitation : 호흡과 심장 박동이 멈춘 사람을 인공호흡 등으로 소생시키기 위한 조치. '심장'을 의미하는 그리스어 'cardia'와 '폐'를 의미하는 라틴어 'pulmonarius'에서 유래.

아종 subspecies : 하나의 종 내부에서 알아볼 수 있는 별개의 특징을 가진 한 생물 집단.

영양소 nutrients : 양호한 건강을 위해 필요한 단백질, 당류, 비타민 및 무기질 같은 음식물. '자양분을 주다'를 뜻하는 라틴어 'nutrient'에서 유래.

인종 청소 ethnic cleansing : 인종이나 종교적 신념 때문에 사람들을 처형하는 행위. 대량 학살 또는 집단 학살genocide이라고도 부름.

조류학 ornithology : 새들의 신체 구조, 생활 주기 및 행동을 포함한 모든 것을 연구하는 학문.

종 species : 여러 면에서 닮았고, 서로 짝짓기를 통해 자손을 낳을 수 있는 생물 집단. 생물 분류의 기초 단위.

지형도 topographic map : 조경의 특징을 자세히 보여주는 지도. '장소'를 의미하는 그리스어 'topos'에서 유래.

캐노피 canopy : 열대 우림 지역에서 우산 모양으로 나뭇가지와 잎으로 덮인 천장.

컨디션 condition : 특별한 조건과 환경에 반복적으로 노출시킴으로써 동물의 행동에 일정한 틀을 만드는 것.

코 지문 noseprint : 고릴라의 코 위쪽 피부에 깊게 주름 잡힌 선의 패턴. 고릴라 연구자들은 이런 독특한 패턴을 이용하여 개별 동물을 확인한다.

단위 변환

아는 단위	곱하기 숫자	변환할 단위
인치	2.54	센티미터
피트	0.30	미터
야드	0.91	미터
마일	1.61	킬로미터
에이커	0.40	헥타르
파운드	0.45	킬로그램
센티미터	0.39	인치
미터	3.28	피트
미터	1.09	야드
킬로미터	0.62	마일
헥타르	2.47	에이커
킬로그램	2.20	파운드

더 읽을거리

여성 과학자에 관한 웹사이트인 www.iWASwondering.org를 방문하면 기후 과학자, 천문학자, 야생생물학자, 로봇 공학자 등 다양한 분야에 몸담고 있는 여성 과학자들의 이야기를 접할 수 있다. 게임을 하고, 만화를 즐기고, 과학자가 되는 연습을 해보길 바란다. 재미있게 노는 동안 이 세상을 바꾼 놀라운 여성 과학자를 만나게 될 것이다.

도서

Bürgel, Paul Hermann and Manfred Hartwig. *Gorillas*. Minneapolis: Carolrhoda Books, 1992. 이 책의 총천연색 사진과 생생한 문장을 통해 독자들은 비룽가 산맥의 마운틴고릴라 서식지를 두루 여행할 수 있다.

Simon, Seymour. *Gorillas*, New York: Harper Trophy, 2003. 이 그림책은 고릴라 아종 네 종류 중 세 종류의 신체적 차이, 서식지, 식습관, 행동 등의 정보를 제공해준다.

Stewart, Kelly J. *Gorillas: Natural History & Conservation*. Stillwater, MN: Voyageur Press, 2003. 이 책은 다이앤 포시의 마지막 연구 조교가 쓴 칼라 에세이다.

Weber, Bill and Amy Vedder. *In the Kingdom of Gorillas: Fragile Species in a Dangerous Land*. New York: Simon and Schuster, 2001. 이 자서전은 르완다에서 마운틴고릴라를 멸종 위기에서 구하기 위해 노력한 부부의 모험담을 담고 있다.

웹사이트

아프리카 야생동물 보호재단: http://www.awf.org/wildlives/149

르완다, 우간다, 콩고의 마운틴고릴라 서식지 보호를 다룬 최근 뉴스 및 지역 차원의 보존 노력에 관한 최신 정보를 알 수 있다.

다이앤 포시 국제 고릴라 기금: http://www.gorillafund.org/

1978년 다이앤 포시가 창립한 이래 아프리카 고릴라와 서식지 보존에 기여한 DFGFI의 지속적인 활동과 현장 조사에 대해 더 자세히 알 수 있다.

NASA의 교육 과학기술 센터: http://www.cotf.edu/ete/modules/mgorilla/mgbiology.html

아프리카 마운틴고릴라의 사회적 행동, 서식지 및 식습관을 찾아볼 수 있다.

야생동물보호협회: http://www.congogorillaforest.com/congoconservationchoices/congogorillaconservation

가상 여행으로 브롱크스 동물원의 콩고 고릴라 숲 거주자들 만날 수 있다.

세계 야생동물 기금: http://www.worldwildlife.org/gorillas/subspecies.cfm

어떻게 그리고 왜 네 종류의 아프리카 마운틴고릴라 아종들이 생겨났는지를 알 수 있다.

참고 문헌

이 책을 쓰기 위해 에이미 베더와 그녀의 가족, 친구 및 동료들과 인터뷰했을 뿐 아니라 여러 책을 읽으며 조사했다. 에이미가 조언해준 자료의 일부를 제시한다.

Fossey, Dian. *Gorillas in the Mist.* Boston: Mariner Books, 2000.

Nichols, Michael, George B. Schaller, and Nan Richardson. *Gorilla: Struggle for Survival in the Virungas.* New York: Aperture, 1992.

Schaller, George B. *The Year of the Gorilla.* Chicago: University of Chicago Press, 1988.

Weber, Bill and Amy Vedder. *In the Kingdom of Gorillas: Fragile Species in a Dangerous Land.* New York: Simon and Schuster, 2001.

시리즈 자문위원회

이 시리즈를 기획하고 발전시키는 데 수많은 훌륭한 분들이 시간을 내주고 조언해주었다. 시간과 재능을 나누어준 다음 분들에게 감사드린다.

〈전문가 자문단〉

맥신 싱어 Maxine Singer(자문단 위원장) 생화학자. 워싱턴카네기협회 전 회장.

새러 리 슈프 Sara Lee Schupf 새러리 기업Sara Lee Corporation의 수장으로 과학계 여성의 헌신적인 지지자.

브루스 앨버츠 Bruce Alberts 분자세포생명과학자. 미국 국립과학원 회장, 미국 연구위원회 회장(1993~2005).

메이 베렌바움 May Berenbaum 곤충학자. 일리노이 대학교(어배나, 섐페인) 곤충학과 학과장.

리타 R. 콜웰 Rita R. Colwell 미생물학자. 메릴랜드 대학교 및 존스홉킨스 대학교 석좌교수. 미국 국립과학재단 전 이사장.

크리슈나 포스터 Krishna Foster 캘리포니아 주립대학교(로스앤젤레스) 화학·생화학학과 조교수.

앨런 J. 프리드먼 Alan J. Friedman 물리학자. 뉴욕과학관 관장.

토비 혼 Toby Horn 생명과학자. 워싱턴 카네기협회의 과학교육 카네기 아카데미 공동 소장.

셜리 잭슨 Shirley Jackson 물리학자. 렌셀러 폴리테크닉 연구소 소장.

제인 버틀러 케일 Jane Butler Kahle 생명과학자. 마이애미 대학교(옥스퍼드, 오하이오) 과학교육학과 교수.

바브 랭그리지 Barb Langridge 하워드 카운티 도서관 어린이 전문가. WBAL-TV 어린이 도서 평론가.

제인 루브첸코 Jane Lubchenco 오리건 주립대학교 해양생물학과 동물학 교수. 국제과학협의회 회장.

프레마 마타이-데이비스 Prema Mathai-Davis 미국 YMCA 전 회장.

마르시아 맥너트 Marcia McNutt 지구물리학자. 몬터레이만 아쿠아리움 연구소 소장.

팻 스캘스 Pat Scales 사우스 캐롤라이나 예술인문 거버너스 스쿨 도서관 서비스 회장.

수전 솔로몬 Susan Solomon 대기화학자. 미국 국립해양대기청 초고층 대기 물리학 연구소의 원로 과학자.

셜리 틸먼 Shirley Tilghman 분자생명과학자. 프린스턴 대학교 총장

게리 휠러 Gerry Wheeler 물리학자. 국립과학교사협회 전무이사.

〈도서관 자문단〉

미국 전역의 많은 학교와 공공 도서관이 샘플 디자인과 본문을 친절하게 검토해주었고, 책의 포맷에 관한 질문에 답해주었으며, 책을 발간하는 동안 계속해서 전문적인 자문을 해주었다.

배리 M. 비숍 Barry M. Bishop 도서관 정보 서비스 팀장, 스프링 브랜치 교육청(휴스턴, 텍사스)

대니타 에스트먼 Danita Eastman 어린이 책 평가사, 로스앤젤레스 카운티 공공 도서관(다우니, 캘리포니아)

마사 에드먼드선 Martha Dedmundson 도서관 서비스 코디네이터, 덴튼 공공 도서관(덴튼, 텍사스)

달시 페어 Darcy Fair 어린이 서비스 매니저, 벅스 카운티 도서관(야들리, 펜실베이니아)

캐슬린 핸리 Kathleen Hanley 스쿨 미디어 전문가, 코맥 로드 초등학교,
(아이슬립, 뉴욕)
에이미 라우티트 존슨 Amy Louttit Johnson 도서관 프로그램 전문가, 플로리다 주립 도서관 및 기록 보관소(탤러해시, 플로리다)
매리 스탠턴 Mary Stanton 청소년 전문가, 자료 선정 사무국, 휴스턴 공공 도서관(휴스턴, 텍사스)
브랜다 G. 툴 Brenda G. Toole 교육 미디어 서비스 감독관(파나마시티, 플로리다)

〈학생 자문단〉

이 시리즈를 비평하고 평가함으로써 도움을 준 다음 학교와 기관의 학생들에게 감사드린다. 디자인과 이야기 진행에 관한 피드백(개선을 위한 정보나 의견)이 본 프로젝트를 진행하는 데 지대한 영향을 미쳤다.

아그네스 어윈 스쿨(로즈먼트, 펜실베이니아)
라콜리나 중학교(샌타바버라, 캘리포니아)
하커데이 스쿨(댈러스, 텍사스)
중부 메릴랜드 걸스카우트, 주니어 걸스카우트 지구대 #545
중부 메릴랜드 걸스카우트, 주니어 걸스카우트 지구대 #212

도판의 출처

표지 © Andrew L. Young; 18, 22~29 Courtesy Amy Vedder; 43 Peter Veit/National Geographic Image Collection; 44 Robert I.M. Campbell/National Geographic Image Collection; 52 Will Mason; 83(오른쪽) Amy Vedder; 89(위) Amy Vedder; (아래) American Journal of Primatology, © 1984. Reprinted with permission of Wiley-Liss, Inc., a subsidiary of John Wiley & Sons, Inc.; 134, 141 © Yann Arthus-Bertrand/Corbis; 143 Michael Nichols/National Geographic Image Collection; 185 D. DeMello © Wildlife Conservation Society; 187(위) D. Shapiro © Wildlife Conservation Society; (아래) © H. David Stein Maps: © 2004 Map Resources

거침없이 도전한 여성 과학자 06
마운틴고릴라 : 야생생물학자 에이미 베더

초판 발행 2017년 10월 20일

글쓴이 러네이 에버솔
기획 한국여성과총 교육홍보출판위원회
옮긴이 한국여성과총 교육홍보출판위원회
강인숙 권오남 김인선 남영미 박진아 변인경 여의주 이숙경 이종은 조성경 최영림 홍은주
펴낸이 김정순
편집 허영수 주이상
디자인 김진영 모희정
마케팅 김보미 임정진 전선경
펴낸곳 (주)북하우스 퍼블리셔스
출판등록 1997년 9월 23일 제406-2003-055호
주소 04043 서울시 마포구 양화로 12길 16-9(서교동 북앤빌딩)
전자우편 henamu@hotmail.com
홈페이지 www.bookhouse.co.kr
전화번호 02-3144-3123
팩스 02-3144-3121

ISBN 978-89-5605-818-4 04400
978-89-5605-777-4 (세트)

* 본 출간 사업은 과학기술진흥기금 및 복권기금의 지원을 받아 진행되었습니다.

이 도서의 국립중앙도서관 출판시도서목록(CIP)은 서지정보유통지원시스템 홈페이지(http://seoji.nl.go.kr)와 국가자료공동목록시스템(http://www.nl.go.kr/kolisnet)에서 이용하실 수 있습니다.(CIP제어번호: CIP2017024763)